建设工程施工跟我学系列

U0204655

YUANLIN LVHUA GONGCHENG SHIGONG
KUAISU RUMEN

园林绿化工程施工
快速入门

周 胜 主编

中国电力出版社
CHINA ELECTRIC POWER PRESS

内 容 提 要

本书主要从施工入门所需的园林绿化工程概念、施工流程、施工要点等方面进行讲述。主要内容包括园林绿化基础知识、土方工程、园林给水排水工程、园林供电照明工程、水景工程、置石与假山、园路与广场，以及栽植与种植等。

本书适合园林绿化工程施工入门人员学习使用。

图书在版编目（CIP）数据

园林绿化工程施工快速入门 / 周胜主编. 一北京：中国电力出版社，2015.6（2021.6重印）
（建设工程施工跟我学系列）

ISBN 978–7–5123–7833–9

Ⅰ．①园⋯　Ⅱ．①周⋯　Ⅲ．①园林–绿化–工程施工　Ⅳ．①TU986.3

中国版本图书馆 CIP 数据核字（2015）第 118510 号

中国电力出版社出版发行

北京市东城区北京站西街 19 号　100005　http://www.cepp.sgcc.com.cn
责任编辑：关　童　　联系电话：010–63412603
责任印制：杨晓东　　责任校对：朱丽芳
三河市航远印刷有限公司印刷·各地新华书店经售
2015 年 6 月第 1 版·2021 年 6 月第五次印刷
700mm×1000mm　1/16·14.5 印张·272 千字
定价：38.00 元

前　　言

随着社会的发展，园林绿化工程遍布全国各地。园林绿化工程施工人员需求量也越来越大。许多从业人员由各相关专业转到园林绿化工程施工中来；也有许多从业人员刚走出校门；还有一些人员为零基础进行施工。为使刚从事园林绿化施工的人员快速适应工作岗位，我们特意编写了《园林绿化工程施工快速入门》。

本书在编写过程中着重讲述园林绿化施工入门所需了解的概念、施工流程、施工要点等内容，使读者对园林绿化工程施工有个全面的认识。本书力求图文并茂，以便于读者快速理解。

全书分为八章，由周胜主编。第一章由周胜、李仲杰、丁文编写；第二章由周胜、刘海明编写；第三章由马军卫、梁燕编写；第四章由张跃、李仲杰编写；第五章由周胜编写；第六章由江超、叶梁梁、付亚东编写；第七章由张跃、刘娇、李仲杰编写；第八章由江超、刘海明编写。

在编写过程中承蒙有关高等院校、建设主管部门、工程咨询单位、设计单位、施工单位等方面的领导和工程技术、管理人员，以及对本书提供宝贵意见和建议的学者、专家的大力支持，在此向他们表示由衷的感谢！书中参考了许多相关教材、规范、图集文献资料等，在此谨向这些文献的作者致以诚挚的敬意。

由于作者水平有限，书中若出现疏漏或不妥之处，敬请读者批评指正，以便改进。

目　　录

第一章

园林绿化基础知识

第一节 园林绿化工程概述

1. 绿地

凡是生长绿色植物的地块统称为绿地，它包括天然植被和人工植被，也包括观赏、游憩绿地和农、林、牧业生产绿地。绿地含义比较广泛，并非全部用地皆绿地，一般指绿化栽植占大部分的用地。大小相差悬殊，大者如风景名胜区，小者如宅旁绿地。

其设施质量高低相差也大，精美者如古典园林，粗放者如卫生防护林带。各种公园、花园、街道及滨河的种植带，防风、防尘绿化带，卫生防护林带，墓园及机关单位的环境绿地，郊区的苗圃、果园、菜园均可称为"绿地"。从城市规划的角度看，绿地指绿化用地，是城市规划区内用于栽植绿色植物的用地，包括规划绿地和建成绿地。

2. 园林

在一定的地域范围内，根据功能要求、经济技术条件和艺术布局规律，利用并改造天然山水地貌或人工创造山水地貌，结合植物栽培和建筑、道路的布置，从而构成一个供人们观赏、游憩的环境。各类公园、花园、动物园、植物园、森林公园、风景名胜区、自然保护区和休息疗养胜地等都以园林为主要内容。园林的基本要素包括山水地貌、道路广场、建筑小品、植物群落和景观设施。

园林与绿地属同一范畴，具有共同的基本内容。从范围看，"绿地"比"园林"广泛，园林可供游憩，且必是绿地；而"绿地"不一定称"园林"，也不一定供游憩。"绿地"强调的是作为栽植绿色植物、发挥植物生态作用、改善城市环境的用地，是城市建设用地一种重要类型；"园林"强调的是为主体服务，功能、艺术与生态相结合的立体空间综合体。把城市规划绿地按较高的艺术水平、较多的设施和较完善的功能而建设成为环境优美的景境便是"园林"，所以，园林是绿地的特殊形式。有一定的人工设施，具有观赏、游憩功能的绿地称为"园林绿地"。

3. 绿化

栽植绿色植物的工艺过程，是运用植物材料把规划用地建成绿地的手段，它包括城市园林绿化、荒山绿化、"四旁"和农田林网绿化。从更广的角度来看，人类一切为了工、农、林业生产，减少自然灾害，改善卫生条件，美化环境而栽植植物的过程都可称为"绿化"。

4. 造园

营建园林的工艺过程。广义的造园包括园地选择（相地）、立意构思、方案规划、施工设计、工程建设、养护管理等过程，是指以绿色植物为主体的园林景观建设。

狭义的造园指运用多种素材建成园林的工程技术建设过程，是指园林景观建设中植物配置设计、栽植和养护管理等内容。

堆山理水、植物配植、建筑营造和景观设施建设是园林建设的 4 项主要内容。

第二节 绿化工程地形及元素

一、园林地形介绍

园林地形种类有平地、坡地、山地、丘陵、水体等。

（1）平地。园林中的平地是具有一定坡度的相对平整的地面。为避免水土流失及提高景观效果，单一坡度的地面不宜延续过长，应有小的起伏或施工成多个坡面。平地坡度的大小，可根据植被和铺装情况以及排水要求而定。

1）种植平地。居民散步草坪的坡度可大些，介于 1%～3% 较理想，以求快速排水，便于各项活动和设施。

2）铺装平地。广场铺地的坡度可小些，宜在 0.3%～1.0% 之间，排水坡面应尽可能多向，这样排水的速度可以增快。如平台、广场、高楼大厦周围等。

（2）坡地。坡地一般与山地、丘陵或水体并存。其坡向和坡度大小视土壤、植被、铺装、工程设施、使用性质以及其他地形地物因素而定。坡地的高程变化和明显的方向性在造园用地中具有广泛的设计灵活性及其用途，一般按坡度大小分为陡坡、中坡、缓坡、急坡、悬崖和陡坎。

1）陡坡地。道路与等高线应斜交，建筑群布置受较大限制。陡坡多位于山地处，作活动场地比较困难，一般作为种植用地。25%～30% 的坡度可种植草皮，25%～50% 的坡度可种植树木。

2）中坡地。坡度在 10%～25% 之间（坡角为 6°～14°）。在建筑区需设台阶，建筑群布置受限制，通车道路不宜垂直于等高线布置。

3）缓坡地。在地形中属陡坡与平地或水体间的过渡类型。道路、建筑布置均不受地形约束，可作为活动场地和种植用地，如作为篮球场（坡度 i 取 3%～5%）、疏林草地（坡度 i 取 3%～6%）等。

4）急坡地。坡度在 50%～100% 之间（坡角为 26°～45°），是土壤自然安息角的极值范围。急坡地多位于土石结合的山地，一般用作种植林坡。

5）悬崖、陡坎。坡度大于 100%，坡角在 45° 以上，已超出土壤的自然安息角。一般位于土石山或石山，种植需采取特殊措施（如挖鱼鳞坑修树池等）保持水土、涵养水分。道路及梯道布置均困难，工程措施投资大。

（3）山地。园林山地多为土山，山地是地貌设计的核心，它直接影响到空间的组织、景物的安排和土方工程量等。

1）土山的分类。园林中的土山地在组景中的功能见表 1-1。

表 1-1　　　　　　　　　　　　土 山 的 施 工 要 点

分 类	内 容
主景山	体量大，位置突出，山形变化丰富，构成园林主题，便于主景升高，多用于主景式园林，高 10m 以上
背景山	用于衬托前景，使其更加明显，用于纪念性园林，高 8～10m
障景山	阻挡视线，用于分隔和围合空间形成不同景区，增加空间层次，呈蜿蜒起伏丘陵状，高 1.5m 以上
配景山	用于点缀园景，登高远眺，增加山林之趣，一般园林中普遍运用，多为主山高度的 1/3～2/3

2）山地的施工要点见表 1-2。

表 1-2　　　　　　　　　　　　土 山 的 分 类

项 目	内 容
未山先麓，陡缓相间	山脚应缓慢升高，坡度要陡缓相间，山体表面是凹凸不平状，变化自然
歪走斜伸，逶迤连绵	山脊线呈之字形走向，曲折有致，起伏有度，逶迤连绵，顺乎自然忌对称均衡
主次分明，互相呼应	主山宜高耸、盘厚，体量较大，变化较多，客山则奔趋、拱状，呈余脉延伸之势；先立主位，后布辅从，比例应协调，关系要呼应，注意整体组合；忌孤山一座
左急右缓，勒放自如	山体坡面应有急有缓，等高线有疏密变化；一般朝阳和面向园内的坡面较缓，地形较为复杂；朝阴和面向园外的坡面较陡，地形较为简单
丘壑相伴，虚实相生	山脚轮廓线应曲折圆润，柔顺自然；山腰必虚其腹，谷壑最宜幽深，虚实相生，丰富空间

（4）丘陵。丘陵的坡度一般在 10%～25% 之间，在土壤的自然安息角以内不需工程措施，高度也多在 13m 变化，在人的视平线高度上下浮动。丘陵在地形施

工中可视作土山的余脉、主山的配景、平地的外缘。

（5）水体。理水有时又称为水体，是地形施工的主要内容。水体施工应选择低或靠近水源的地方，因地制宜，因势利导。山水结合，相映成趣。在自然山水园中，应呈山环水抱之势，动静交呈，相得益彰。配合运用园桥、汀步、堤、岛等工程措施，使水体有聚散、开合、曲直、断续等变化。水体的进水口、排水口、溢水口及闸门的标高应满足功能的需要并与市政工程相协调。汀步、无护栏的园桥附近 2.00m 范围内的水深不大于 0.50m；护岸顶与常水位的高差要兼顾景观、安全、游人近水心理和防止岸体冲刷等要求合理确定。

二、水景类型

（1）按形式划分为自然式、规则式以及混合式三种水景。

1）自然式水景：指利用天然水面略加人工改造，或依地势模仿自然水体"就地凿水"的水景。如河流、湖泊、池沼、溪泉、瀑布等。

2）规则式水景：指人工开凿成几何形状的水体，如运河、几何形体的水池、喷泉、壁泉等。

3）混合式水景：是自然式水体和规则式水体交替穿插形成的水环境。它吸收了前两种水体的特点，使水体更富于变化，特别适用于水体组景。

（2）按使用功能分为观赏性水景和供开展水上活动的水体。

1）观赏性水景：其功能主要是构成园林景色，一般面积较小。如水池，一方面能产生波光倒影，另外又能形成风景的透视线；其特点是具有很强的可视性、透景性。

2）供开展水上活动的水体：这种水体一般面积较大，水深适当，而且为静止水。其中供游泳的水体，水质一定要清洁，在水底和岸线最好有一层砂土，或人工铺设，岸坡坡度要平缓。另外，这些水体不仅应满足各种活动的功能要求，还必须考虑到造型的优美及园林景观的要求。

（3）按水源状态分为静态水景和动态水景，其四种基本设计形式见图1-1。

1）静态水景：如湖、池潭等水面比较平静，能反映波光倒影，给人以明洁、清宁、开朗或幽深的感觉。

2）动态水景：如涧溪、跌水、喷泉等水流是运动着的。它们有的水流湍急，有的涓涓如丝，有的汹涌奔腾，有的变化多端，会令人产生欢快清新的感觉。

三、假山与置石概念

被人们称呼的假山包括假山和置石两部分。假山工程是园林建设的专业工程，假山因其用料多、体量大，山体形态变化丰富，因此布局严谨，手法多变，是艺术与技术高度结合的园林造型艺术。作为中国自然山水园组成部分的假山，对于形成中国园林有重要的作用。

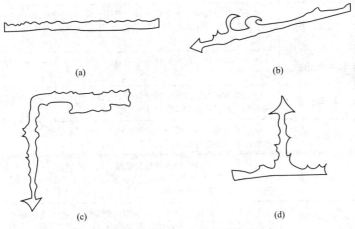

图 1-1　水景的四种基本设计形式

（a）平静的：湖泊、水池、水塘；（b）流动的：溪流、水坡、水道、水涧；

（c）跌落的：瀑布、水帘、壁泉、水梯、水墙；（d）喷涌的：各种类型的喷泉

1. 假山概念

假山是以造景游览为主要目的，充分结合其他方面的功能作用，并以土、石等为主要材料，以自然山水为蓝本并加以艺术的提炼和夸张，是人工再造的山水景物的统称。根据假山使用土石情况，可以分为土山、带石土山、带土石山和石山几种。一般来说假山的体量大而集中、布局严谨，可游可观，令人有置身于自然山林之感。

2. 置石概念

置石是以山石为材料作独立性或附属性的造景布置，主要表现山石的个体美或局部的组合而不具备完整的山形。

置石体量较小、布置灵活、主要以观赏为主，同时也结合一些功能方面的要求。在我国悠久的园林艺术发展的历史过程中，历代有名的和无名的假山匠师们吸取了土作、石作、泥作等方面的工程技术和中国山水画的传统理论和技法，通过实践创造了我国独特、优秀的假山工艺。近年来，随着科技的不断创新与发展，将会有更多、更新的材料和技术工艺应用于假山工程中。而古代园林艺术也值得我们发掘、整理、借鉴，在继承的基础上把这一民族文化传统发扬光大。

四、园路分类

园路常见的分类方法见表 1-3。

表 1-3 园路常见的分类方法

划分标准		内　容
按功能分类	主要园路	主要园路连接全园各个景区及主要建筑物，除了游人较集中外，还要通行生产、管理用车，所以要求路面坚固，宽度在 7~8m。路面铺装以混凝土和沥青为主
	次要园路	次要园路连接着园内的每一个景点，宽度为 2~4m，路面铺装的形式比较多样
	游憩小路	这类小路可以延伸到公园的每一个角落，供游人散步、赏景之用，不允许车辆驶入，其宽度多为 0.7~1.5m
按铺地材料不同分类	混凝土铺地	是指用水泥混凝土或沥青混凝土进行统一铺装的地面。优点是平整、耐压、耐磨，多用于通行车辆或人流集中的公园主路
	块料铺地	包括各种天然块料和各种预制混凝土块料的铺地。优点是坚固、平稳，便于行走，图案的纹样和色彩丰富，适用于公园步行道或通行少量轻型车的地段及光滑度不高的各种活动场所
	碎料铺地	用各种碎石、瓦片、卵石等拼砌而成的地面，通常有各种美丽的地纹图案。它主要用于庭院和各种游憩、散步的小路，经济、美观，富有装饰性
从结构上分类	路堑型（也称街道式）	路面低于两侧地面，其结构如图 1-2 所示
	路堤型（也称公路式）	路面高于两侧地面，其结构如图 1-3 所示
	特殊型	包括步石、汀步、磴道、攀梯等

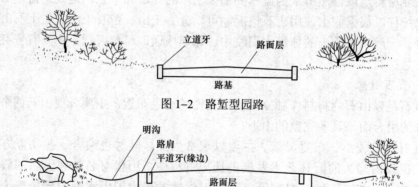

图 1-2　路堑型园路

图 1-3　路堤型园路

五、广场布置

1. 广场地面装饰

（1）图案式地面装饰是指用不同颜色、不同质感的材料和铺装方式，在广场地面做出简洁的图案和纹样的方式如图 1-4 所示。

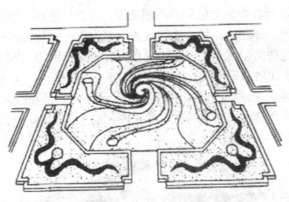

图 1-4 图案式地面装饰

　　施工时注意图案纹样应规则对称，在不断重复的图形线条排列中创造生动的韵律和节奏。采用图案式手法铺装时，应注意图案线条的颜色要偏淡偏素，绝不能浓艳。除了黑色以外，其他颜色都不要太深太浓。

　　对比色的应用要掌握适度，色彩对比不能太强烈。地面铺装中，路面质感的对比可以比较强烈，如磨光的地面与露骨料的粗糙路面，就可以相互靠近，强烈对比。

　　（2）色块式地面装饰这种地面装饰时地面铺装材料可选用 3～5 种颜色，表面质感也可以有 2～3 种表现。

　　施工时注意广场地面不做图案和纹样，而是铺装成大小不等的方、圆、三角形及其他形状的颜色块面。色块之间的颜色对比可以强一些，所选颜色也可以比图案式地面更加浓艳一些，如图 1-5 所示。路面的基调色块一定要明快，在面积、数量上一定要占主导地位。

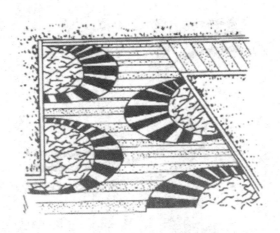

图 1-5 色块式地面装饰

（3）线条式地面装饰地面色彩和质感处理，是在浅色调、细质感的大面积底色基面上，以一些主导性的、特征性的线条造型为主进行装饰方式。

施工时注意这些造型线条的颜色比底色深，也更要鲜艳一些，质地常常也比基面粗，是地面上比较容易引人注意的视觉对象。

线条的造型有直线、折线形，也有放射状、旋转形、流线形，还有长短线组合、曲直线穿插、排线宽窄渐变等富有韵律变化的生动形象，如图 1-6 所示。

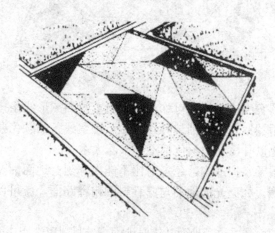

图 1-6　线条式地面装饰

（4）阶台式地面装饰是一种将广场局部地面做成不同材料质地、不同形状、不同高差的宽台形或宽阶形，使地面具有一定的竖向变化，又使某些局部地面从周围地面中独立出来，在广场上创造出一种特殊的地面空间的装饰方式，如图 1-7 所示。

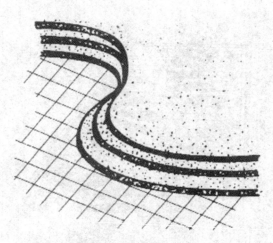

图 1-7　阶台式地面装饰

2. 花坛式广场布置

花坛是园景广场上主要的地面景观。广场上的花坛按照规则对称关系组成花坛群。花坛群的外形，应当和广场的形状相一致；花坛群内个体花坛的形状，则要与所处的局部场地形状相适应，如图 1-8 所示。

施工时注意花坛的总面积一般不超过广场面积的 1/3，但也不小于 1/15。除主景花坛外，一般个体花坛的短轴宜取 8～10m，超过 10m 短轴的花坛显得太宽，其内的图案模纹透视变形较大，观赏不便。花坛边缘石一般用砖砌筑，形状宜简单。砌筑好后再用水泥砂浆抹面、水刷石饰面、釉面砖或花岗石贴面等方式给予表面装饰处理。边缘石顶面设计宽度为 15～35cm，应高出花坛外地坪 15～40cm。花坛的图案纹样可按模纹花坛、文字花坛、盛花花坛等类型进行设计，曲线图形或直线纹样都可以，要求点线排列整齐，图案对称，配色鲜艳，装饰性较强。

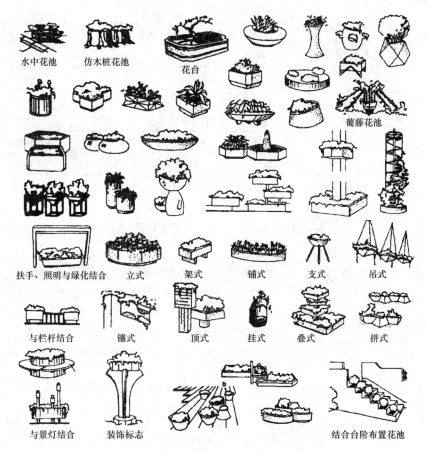

图 1-8 广场花坛式样

六、喷泉类型

喷泉的种类可以从不同的方面进行划分，喷头的形式及喷水形态划分见表 1-4 和表 1-5。

表 1-4　　　　　　　　　　　　　不同喷水形态和喷头

喷水形式	特征	种类	分类特征	采用喷头
射流	自圆形喷嘴喷出的细长透明水柱	直射	单喷嘴射流	直射喷头
		旋转	多喷嘴水平旋转射流	旋转喷头
		水轮	多喷嘴垂直旋转射流	水轮喷头
		集束	多喷嘴平行射流	集束喷头
		礼花	多喷嘴辐射射流	礼花喷头
膜流	自成膜喷头喷出的透明膜状水流	扇形	扇形膜状水流	扇形喷头
		半球	半球形膜状水流	半球喷头
		喇叭	喇叭形膜状水流	喇叭喷头
掺气流	自掺气喷头喷出的气水混合水柱	雪松	粗壮高大的雪松状掺气水柱	雪松喷头
		涌泉	粗壮低矮的涌泉状掺气水柱	涌泉喷头
		玉柱	细柱状掺气水柱	玉柱喷头
水雾	自成雾喷头喷出的雾状水流	粗雾	雾滴较大的普通雾状水流	水雾喷头
		细雾	雾滴细微的云雾状水流	水雾喷头
组合膜流	多个膜流组合在一起形成的水流	蒲公英	多个圆形膜状水流组成的球形或半球形水膜流	蒲公英喷头
波光跳泉	自圆形喷嘴成抛物线间断喷出的透明短水柱	跳泉	多个自圆形喷嘴成抛物线喷出的透明短水柱跳跃相接	跳泉喷头
字幕喷泉	由多个喷头水流组合成文字水形	时钟喷泉	由喷水点组成文字形式	涌泉喷头
水幕电影	高压水流经特种喷嘴喷射出宽大平整的水幕墙供激光光束显示动态画面	—	—	特种喷头

表 1-5　　　　　　　　　　　　　喷　泉　水　型

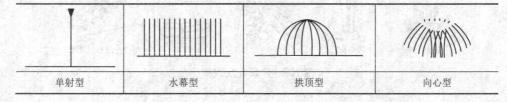

单射型	水幕型	拱顶型	向心型

续表

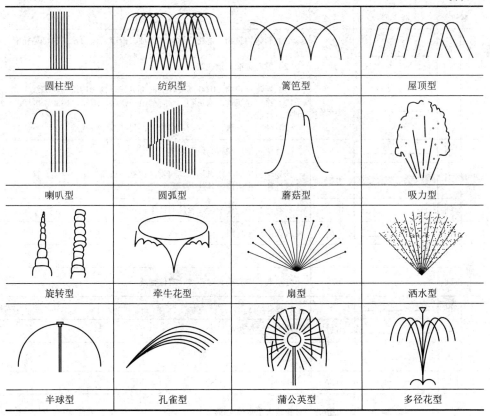

第三节 园林绿化工程识图

一、制图标准

1. 图线要求

（1）图线的宽度 b 应根据图样的复杂程度和比例，按现行国家标准《房屋建筑制图统一标准》（GB/T 50001—2010）中图线的有关规定选用。

（2）总图制图应根据图纸功能按表 1–6 规定的线型选用。

表 1–6　　　　　　　　　　总图制图的图线选型

名称		线　型	线宽	用　　　途
实线	粗	————	b	（1）新建建筑物±0.00 高度的可见轮廓线。 （2）新建铁路、管线

名称		线 型	线宽	用 途
实线	中	——————	0.7b 0.5b	(1) 新建构筑物、道路、桥涵、边坡、围墙、运输设施的可见轮廓线 (2) 原有标准轨距铁路
实线	细	——————	0.25b	(1) 新建建筑物±0.00 高度以上的可见建筑物、构筑物轮廓线 (2) 原有建筑物、构筑物,原有窄轨、铁路、道路、桥涵、围墙的可见轮廓线 (3) 新建人行道、排水沟、坐标线、尺寸线、等高线
虚线	粗	— — — —	b	新建建筑物、构筑物地下轮廓线
虚线	中	— — — —	0.5b	计划预留扩建的建筑物、构筑物,铁路,道路、运输设施、管线,建筑红线及预留用地各线
虚线	细	— — — —	0.25b	原有建筑物,构筑物、管线的地下轮廓线
单点长画线	粗	—·—·—·—	b	露天矿开采界限
单点长画线	中	—·—·—·—	0.5b	土方填挖区的零点线
单点长画线	细	—·—·—·—	0.25b	分水线、中心线、对称线、定位轴线
双点长画线	粗	—··—··—	b	用地红线
双点长画线	中	—··—··—	0.7b	地下开采区塌落界限
双点长画线	细	—··—··—	0.5b	建筑红线
折断线		—─/\─—	0.5b	断线
不规则曲线		～～～	0.5b	新建人工水体轮廓线

注:根据各类图纸所表示的不同重点确定使用不同粗细线型。

2. 比例要求

(1) 总图制图采用的比例见表 1-7。

表 1-7 　　　　　　　　　　总图制图的比例选择

图 名	比 例
现状图	1:500、1:1000、1:2000
地理交通位置图	1:25 000~1:200 000
总体规划图、总体布置图、区域位置图	1:2000、1:5000、1:10 000、1:25 000、1:50 000
总平面图,竖向布置图,管线综合图,土方图,铁路、道路平面图	1:300、1:500、1:1000、1:2000
场地园林景观总平面图、场地园林景观竖向布置图、种植总平面图	1:300、1:500、1:1000

续表

图　名	比　例
铁路、道路纵断面图	垂直：1:100、1:200、1:500
	水平：1:1000、1:2000、1:5000
铁路、道路横断面图	1:20、1:50、1:100、1:200
场地断面图	1:100、1:200、1:500、1:1000
详图	1:1、1:2、1:5、1:10、1:20、1:50、1:100、1:200

（2）一个图样宜选用一种比例，铁路、道路、土方等的纵断面图，可在水平方向和垂直方向选用不同比例。

3. 计量单位要求

（1）总图中的坐标、标高、距离以米为单位。坐标以小数点标注三位，不足以"0"补齐；标高、距离以小数点后两位数标注，不足以"0"补齐。详图可以毫米为单位。

（2）铁路纵坡度宜以千分计，道路纵坡度、场地平整坡度、排水沟沟底纵坡度宜以百分计，并应取小数点后一位，不足时以"0"补齐。

（3）建筑物、构筑物、铁路、道路方位角（或方向角）和铁路、道路转向角的度数，宜注写到"秒"，特殊情况应另加说明。

4. 坐标标注要求

（1）总图应按上北下南方向绘制。根据场地形状或布局，可向左或右偏转，但不宜超过45°。总图中应绘制指北针或风玫瑰图，如图1-9所示。

（2）坐标网格应以细实线表示。测量坐标网应画成交叉十字线，坐标代号宜用"X、Y"表示；建筑坐标网应画成网格通线，自设坐标代号宜用"A、B"表示，如图1-9所示。坐标值为负数时，应注"－"号，为正数时，"+"号可以省略。

（3）总平面图上有测量和建筑两种坐标系统时，应在附注中注明两种坐标系统的换算公式。

（4）表示建筑物、构筑物位置的坐标应根据设计不同阶段要求标注，当建筑物与构筑物与坐标轴线平行

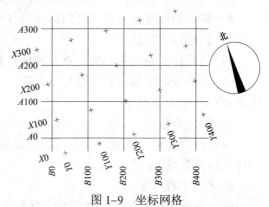

图1-9　坐标网格

注：图中 X 为南北方向轴线，X 的增量在 X 轴线上；Y 为东西方向轴线，Y 的增量在 Y 轴线上。A 轴相当于测量坐标网中的 X 轴，B 轴相当于测量坐标网中的 Y 轴。

时，可注其对角坐标。与坐标轴线成角度或建筑平面复杂时，宜标注三个以上坐标，坐标宜标注在图纸上。根据工程具体情况，建筑物、构筑物也可用相对尺寸定位。

（5）在一张图上，主要建筑物、构筑物用坐标定位时，根据工程具体情况也可用相对尺寸定位。

（6）建筑物、构筑物、铁路、道路、管线等应标注下列部位的坐标或定位尺寸：

1）建筑物、构筑物的外墙轴线交点；

2）圆形建筑物、构筑物的中心；

3）皮带走廊的中线或其交点；

4）铁路道岔的理论中心，铁路、道路的中线或转折点；

5）管线（包括管沟、管架或管桥）的中线交叉点和转折点；

6）挡土墙起始点、转折点墙顶外侧边缘（结构面）。

5. 标高要求

（1）建筑物应以接近地面处的±0.000 标高的平面作为总平面。字符平行于建筑长边书写。

（2）总图中标注的标高应为绝对标高，当标注相对标高，则应注明相对标高与绝对标高的换算关系。

（3）建筑物、构筑物、铁路、道路、水池等应按下列规定标注有关部位的标高：

1）建筑物标注室内±0.000 处的绝对标高在一栋建筑物内宜标注一个±0.000标高，当有不同地坪标高以相对±0.000 的数值标注；

2）建筑物室外散水，标注建筑物四周转角或两对角的散水坡脚处标高；

3）构筑物标注其有代表性的标高，并用文字注明标高所指的位置；

4）铁路标注轨顶标高；

5）道路标注路面中心线交点及变坡点标高；

6）挡土墙标注墙顶和墙趾标高，路堤、边坡标注坡顶和坡脚标高，排水沟标注沟顶和沟底标高；

7）场地平整标注其控制位置标高，铺砌场地标注其铺砌面标高。

（4）标高符号应按现行国家标准《房屋建筑制图统一标准》（GB/T 50001—2010）的有关规定进行标注。

6. 名称和编号要求

（1）总图上的建筑物、构筑物应注写名称，名称宜直接标注在图上。当图样比例小或图面无足够位置时，也可编号列表标注在图内。当图形过小时，可标注在图形外侧附近处。

（2）总图上的铁路线路、铁路道岔、铁路及道路曲线转折点等，应进行编号。

（3）铁路线路编号应符合下列规定：

1）车站站线宜由站房向外顺序编号，正线宜用罗马字母表示，站线宜用阿拉伯数字表示；

2）厂内铁路按图面布置有次序地排列，用阿拉伯数字编号；

3）露天采矿场铁路按开采顺序编号，干线用罗马字母表示，支线用阿拉伯数字表示。

（4）铁路道岔编号应符合下列规定：

1）道岔用阿拉伯数字编号。

2）车站道岔宜由站外向站内顺序编号，一端为奇数，另一端为偶数。当编里程时，里程来向端宜为奇数，里程去向端宜为偶数；不编里程时，左端宜为奇数，右端宜为偶数。

（5）道路编号应符合下列规定：

1）厂矿道路宜用阿拉伯数字，外加圆圈顺序编号；

2）引道宜用上述数字后加–1、–2 编号。

（6）厂矿铁路、道路的曲线转折点，应用代号 JD 后加阿拉伯数字顺序编号。

（7）一个工程中，整套总图图纸所注写的场地、建筑物、构筑物、铁路、道路等的名称应统一，各设计阶段的上述名称和编号应一致。

二、园林景观绿化图例

园林景观绿化图例见表 1–8。

表 1–8　　　　　　　　总 平 面 图 例

序号	名　　称	图　　例	备　　注
1	常绿针叶乔木		—
2	落叶针叶乔木		—
3	常绿阔叶乔木		—
4	落叶阔叶乔木		—
5	常绿阔叶灌木		—

序 号	名　称	图　例	备　注
6	落叶阔叶灌木		—
7	落叶阔叶乔木林		—
8	常绿阔叶乔木林		—
9	常绿针叶乔木林		—
10	落叶针叶乔木林		—
11	针阔混交林		—
12	落叶灌木林		—
13	整形绿篱		—
14	草坪	（1） （2） （3）	（1）草坪 （2）表示自然草坪 （3）表示人工草坪
15	花卉		—

续表

序号	名　　称	图　　例	备　　注
16	竹丛	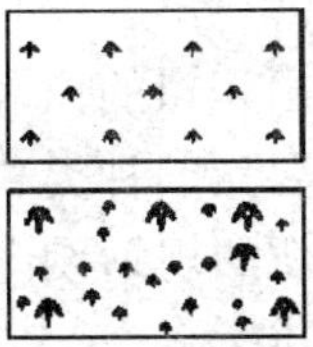	—
17	棕榈植物		—
18	水生植物	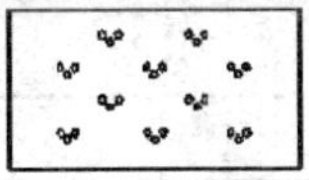	—
19	植草砖	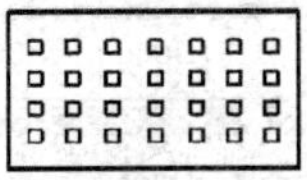	—
20	土石假山	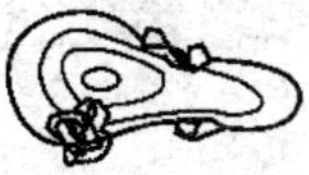	包括土包石、石包土及假山
21	独立景石		—
22	自然水体	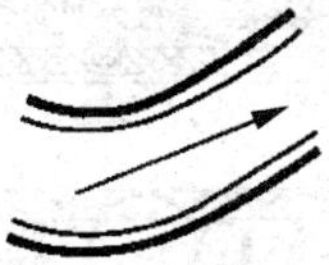	表示河流以箭头表示水流方向
23	人工水体		—
24	喷泉	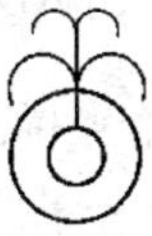	—

三、总平面图识读

1. 用地周边环境

标明设计地段所处的位置,在环境图中标注出设计地段的位置、所处的环境、周边的用地情况、交通道路情况、景观条件等。

2. 设计红线

标明设计用地的范围，用红色粗双点画线标出，即规划红线范围。

3. 各种造园要素

标明景区景点的设置、景区出入口的位置，园林植物、建筑和园林小品、水体水面、道路广场、山石等造园要素的种类和位置及地下设施外轮廓线，对原有地形、地貌等自然状况的改造和新的规划设计标高、高程及城市坐标。

4. 园林绿化工程总平面图的定位

（1）尺寸标注：以图中某一原有景物为参照物，标注新设计的主要景物和该参照物之间的相对距离。它一般适用于设计范围较小、内容相对较少的小项目的设计，如图 1–10 所示。

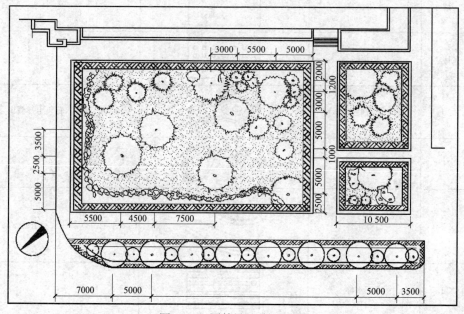

图 1–10　园林设计总平面图

（2）坐标网标注：坐标网以直角坐标的形式进行定位，有建筑坐标网及测量坐标网两种形式。建筑坐标网是以某一点为"零"点（一般为原有建筑的转角或原有道路的边线等），并以水平方向为 B 轴，垂直方向为 A 轴，按一定距离绘制出方格网，是园林设计图常用的定位形式。如对自然式园路、园林植物种植应以直角坐标网格作为控制依据。测量坐标网是根据测量基准点的坐标来确定方格网的坐标，并以水平方向为 Y 轴，垂直方向为 X 轴，按一定距离绘制出方格网。坐标网均用细实线绘制，常用（2m×2m）～（10m×10m）的网格绘制，如图 1–11 所示。

图1-11　某游园设计平面图

1.园门
2.水榭
3.六角亭
4.桥
5.景墙泉
6.壁泉
7.石洞

北

5. 标题

标题除了起到标示、说明设计项目及设计图纸的名称作用之外，还具有一定的装饰效果，以增强图面的观赏效果。标题通常采用美术字。标题应该注意与图纸总体风格相协调。

6. 图例表

图例表说明图中一些自定义的图例对应的含义。

四、植物配置图识读

1. 苗木表

通常在图面上适当位置用列表的方式绘制苗木统计表，具体统计并详细说明设计植物的编号、图例、种类、规格（包括树干直径、高度或冠幅）和数量等。

2. 施工说明

对植物选苗、栽植和养护过程中需要注意的问题进行说明。

3. 植物种植位置

通过不同图例区分植物种类。

4. 植物种植点的定位尺寸

种植位置用坐标网格进行控制，如自然式游园种植设计图，如图 1–12 所示；或可直接在图样上用具体尺寸标出株间距、行间距及端点植物与参照物之间的距离，如规则式游园种植设计图，如图 1–13 所示。

5. 施工放样图和剖、断面图

某些有着特殊要求的植物景观还需给出这一景观的施工放样图和剖、断面图。园林植物种植设计图是组织种植施工、编制预算、养护管理及工程施工监理和验收的重要依据，它应能准确表达出种植设计的内容和意图，并且对于施工组织、施工管理以及后期的养护都起到很大的作用。

五、建筑施工图识读

1. 园林建筑平面图的概念及表达内容

（1）概念。园林建筑平面图是指经水平剖切平面沿建筑窗台以上部位（对于没有门窗的建筑，则沿支撑柱的部位）剖切后画出的水平投影图。当图纸比例较小，或为坡屋顶或曲面屋顶的建筑时，通常也可只画出其水平投影图（即屋顶平面图）。

（2）表达内容。

① 图名、比例、定位轴线和指北针。

② 建筑的形状、内部布置和水平尺寸。

③ 墙、柱的断面形状、结构和大小。

④ 门窗的位置、编号，门的开启方向。

⑤ 楼梯梯段的形状，梯段的走向和级数。

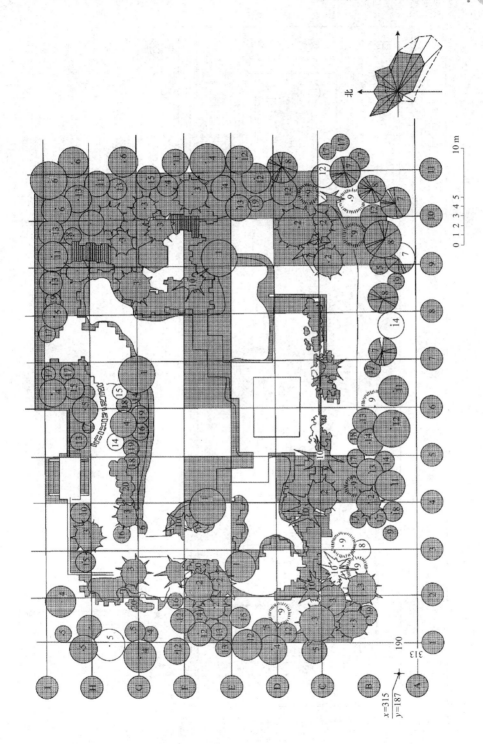

图 1-12 某自然式游园种植设计图

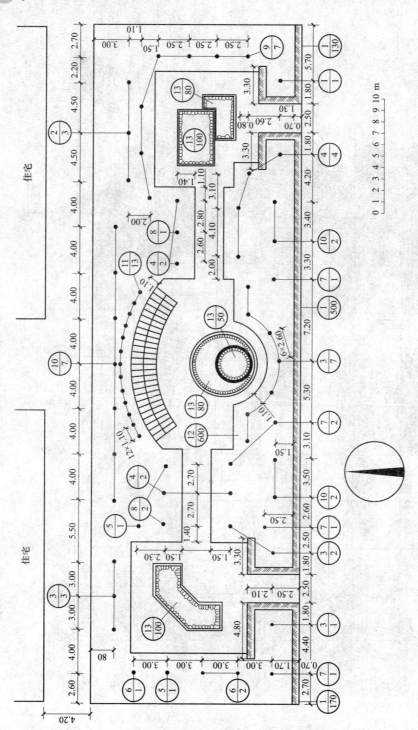

图 1-13　某规则式游园种植设计图

⑥ 表明有关设备如卫生设备、台阶、雨篷、水管等的位置。

⑦ 地面、露面、楼梯平台面的标高。

⑧ 剖面图的剖切位置和详图索引标志。

2. 园林建筑立面图的概念及表达内容

（1）概念。园林建筑的立面图是根据投影原理绘制的正投影图，相当于三面正投影图中的 V 面投影或 W 面投影。如图 1-14 所示为双柱花架立面图及部件详图。在表达设计构思时，通常需要表达园林建筑的立体空间，这就需要展现其效果图。但由于施工的需要，只有通过剖、立面图才能更加清楚的显示垂直元素细部及其与水平形状之间的关系，立面图是达到这个目的的有效工具。建筑的四个立面可按朝向称为东立面图、西立面图、南立面图和北立面图；也可以把园林建筑的主要出口或反映房屋外貌主要特征的立面图称为正立面图，从而确定背立面图和侧立面图。

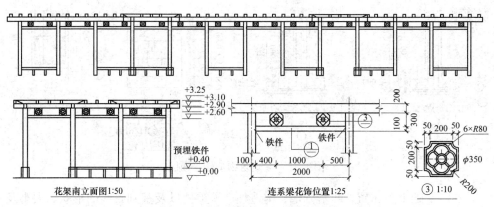

图 1-14 双柱花架立面图及部件详图

（2）表达内容。

① 表明图名、比例、两端的定位轴线。

② 表明房屋的外形，以及门窗、台阶、雨篷、阳台、雨水管等位置和形状。

③ 表明标高和必需的局部尺寸。

④ 表明外墙装饰的材料和做法。

⑤ 标注详图索引符号。

3. 园林建筑结构图的概念及表达内容

（1）基础平面图的表达内容。

1）图名、图号、比例、文字说明。为便于绘图，基础结构平面图可与相应的建筑平面图取相同的比例，如图 1-15 所示。

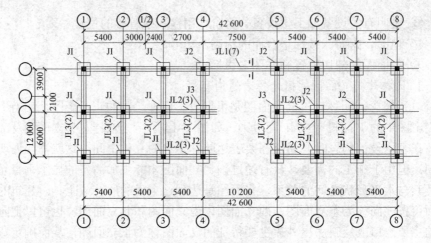

基础平面图 1:100

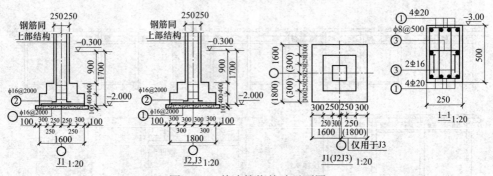

图1-15 某建筑物基础平面图

2）基础平面布置，即基础墙、构造柱、承重柱以及基础底面的形状、大小及其与轴线的相对位置关系，标注轴线尺寸、基础大小尺寸和定位尺寸。

3）基础梁（圈梁）的位置及其代号。基础梁的编号有 JL1（7）、JL2（4）等，圈梁标注为 JQL1、JQL2 等。JL1 的含义："JL"表示基础，"1"表示编号为 1，即 1 号基础梁。"（7）"表示 1 号基础梁共有 7 跨（基础梁的配筋详图）。"JQL1"的含义："JQL"表示基础圈梁，"1"表示编号为 1。

4）基础断面图的剖切线及编号，或注写基础代号，如 JC、JC2。

5）基础地面标高有变化时，应在基础平面图对应部位的附近画出剖面图来表示基底标高的变化，并标注相应基底的标高。

6）在基础平面图上，应绘制与建筑平面相一致的定位轴，并标注相同的轴间尺寸及编号。此外，还应注出基础的定型尺寸和定位尺寸。基础的定型、定位尺寸标注有以下内容：

① 条形基础时要标注轴线的基础轮廓的距离、基础坑宽、墙厚等。

② 独立基础时要标注轴线到基础轮廓的距离、基础坑和柱的长、宽尺寸等。

③ 桩基础时要标注轴线到基础轮廓的距离,其定型尺寸可在基础详图中标注或通用图中查阅。

7）线型。在基础平面图中,被剖切到基础墙的轮廓用粗实线,基础底部宽度用细实线,地沟为暗沟时用细虚线。图中材料的图例线与建筑平面图的线型一致。

（2）基础详图的表达内容。基础详图一般用平面图和剖面图表示,采用1:20的比例绘制,主要表示基础与轴线的关系、基础底标高、材料及构造做法。

因基础的外部形状较简单,一般将两个或两个以上的编号的基础平面图绘制成一个平面图。但是要把不同的内容表示清楚,以便于区分。如图1-16所示为几种常用的基础的断面图。

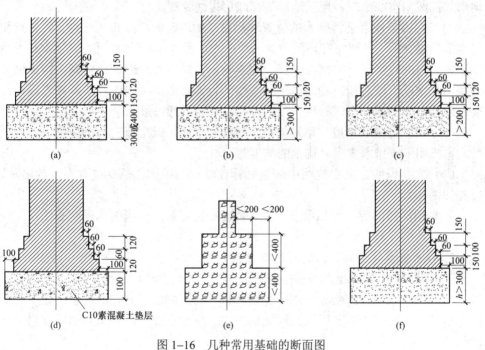

图1-16　几种常用基础的断面图

独立柱基础的剖切位置一般选择在基础的对称线上,投影方向一般选择从前向后投影。

基础详图图示的内容:

1）图名（或基础代号）、比例、文字说明。

2）基础断面图中轴线及其编号（若为通用断面图,则轴线圆圈内不予编号）。

3）基础断面形状、大小、材料及配筋。

4）基础梁和基础圈梁的截面尺寸及配筋。

5）基础圈梁与构造柱的连接做法。

6）基础断面的详细尺寸和室内外地面、基础垫层底面的标高。

7）防潮层的位置和做法。

六、建筑工程图识读

1. 竖向设计图的表达内容

（1）形状和位置。除园林植物及道路铺装细节以外的所有园林建筑、山石、水体及其小品等造园素材的形状和位置。

（2）现状与原地形标高。现状与原地形标高，地形等高线、设计等高线的等高距一般取 0.25～0.5m，当地形较复杂时，需要绘制地形等高线放样网格。设计地形等高线用实线绘制，现状地形等高线用虚线绘制。

（3）最高点或者某特殊点的位置和标高。如道路的起点和变坡点、转折点和终点等的设计标高（道路在路面中、阴沟在沟顶和沟底）、纵坡度、纵坡向、平曲线要素、竖曲线半径、关键点坐标；建筑物、构筑物室内外设计标高；挡土墙、外墙、护坡或土坡等构筑物的坡顶和坡脚的设计标高；主要山石的最高点设计标高；水体驳岸岸顶、岸底标高，池底标高，水面最低、最高及常水位。

（4）排水方向、坡度。地形的汇水线和分水线，或用坡向箭头标明设计地面坡向，指明地表排水方向、排水的坡度等。

（5）文字说明。文字说明中应包括标注单位、绘图比例、高程系统的名称、补充图例等。

（6）地形断面图。绘制重点地区、坡度变化复杂的地段的地形断面图，并标注标高、比例尺等。

2. 给水排水平面布置图的表达内容

（1）建筑物、构筑物及各种附属设施。厂区或小区内的各种建筑物、构筑物、道路、广场、绿地、围墙等，均按建筑总平面的图例根据其相对位置关系用细实线绘出其外形轮廓线。多层或高层建筑在左上角用小黑点数表示其层数，用文字注明各部分的名称。

（2）管线及附属设施。厂区或小区内各种类型的管线是给水排水平面布置图表述的重点内容，以不同类型的线型表达相应的管线，并标注相关尺寸，以满足水平定位要求。水表井、检查井、消火栓、化粪池等附属设施的布施情况以专用图例绘出，并标注其位置。

3. 给水排水管道纵断面图的表达内容

（1）原始地形、地貌与原有管道、其他设施。给水及排水管道纵断面图中，应标注原始地平线、设计地面线、道路、铁路、排水沟、河谷，以及与本管道相关的各种地下管道、地沟、电缆沟等的相对距离和各自的标高。

（2）设计地面、管线及相关的建筑物、构筑物。绘出管线纵断面以及与之相关的设计地面、构筑物、建筑物，并进行编号。标明管道结构（管材、接口形式、基础形式）、管线长度、坡度与坡向、地面标高、管线标高（重力流标注内底、压力流标注管道中心线）、管道埋深、井号，以及交叉管线的性质、大小与位置。

（3）标高标尺。一般在图的左前方绘制一标高标尺，表达地面与管线等的标高及其变化。

第二章

土 方 工 程

第一节　竖向设计与土方工程量

一、竖向设计内容和方法

1. 内容

（1）地形设计。地形的设计和整理是竖向设计的一项主要内容。

地形骨架的"塑造"，山水布局，峰、峦、坡、谷、河、湖、泉瀑等地貌小品的设置，它们之间的相对位置、高低、大小、比例、尺度、外观形态、坡度的控制和高程关系等都要通过地形设计来解决。

不同的土质有不同的自然倾斜角。山体的坡度不宜超过相应土壤的自然安息角。水体岸坡的坡度也要按有关规范的规定进行设计和施工。

水体的设计应解决水的来源、水位控制和多余水的排放。

（2）园路、广场、桥涵和其他铺装场地的设计。图纸上应以设计等高线表示出道路（或广场）的纵横坡和坡向，道桥连接处及桥面标高。在大比例图纸中则用变坡点标高来表示园路的坡度和坡向。

在寒冷地区，冬季冰冻、多积雪。为安全起见，广场的纵坡应小于 7%，横坡不大于 2%；停车场的最大坡度不大于 2.5%。

一般园路的坡度不宜超过 8%。超过此值应设台阶，台阶应集中设置。为了游人行走安全，避免设置单级台阶。为方便伤残人员使用轮椅和游人推童车游园，在设置台阶处应附设坡道。

（3）园林建筑和其他园林小品。园林建筑和其他园林小品（如纪念碑、雕塑等）应标出其地坪标高及其与周围环境的高程关系，大比例图纸建筑应标注各角点标高。

（4）植物种植在高程上的要求。在规划过程中，园基地上可能会有些有保留价值的老树。其周围的地面依设计如须增高或降低，应在图纸上标注出保护老树的范围、地面标高和适当的工程措施。植物对地下水很敏感，有的耐水，有的不耐水。

（5）排水设计。在地形设计的同时要考虑地面水的排除，一般规定无铺装地面的最小排水坡度为1%，而铺装地面则为5%，但这只是参考限值，具体设计还要根据土壤性质和汇水区的大小、植被情况等因素而定。

（6）管道综合。园内各种管道（如供水、排水、供暖及煤气管道等）的布置，难免有些地方会出现交叉，在规划上就须按一定原则，统筹安排各种管道交会时合理的高程关系，以及它们和地面上的构筑物或园内乔灌木的关系。

2. 方法

（1）设计标高法。也称高程箭头法，该方法根据地形图上所指的地面高程，确定道路控制点（起止点、交叉点）与变坡点的设计标高和建筑室内外地坪的设计标高，以及场地内地形控制点的标高，将其注在图上。设计道路的坡度及坡向，反映为以地面排水符号（即箭头）表示不同地段、不同坡面地表水的排除方向。

（2）设计等高线法。是用等高线表示设计地面、道路、广场、停车场和绿地等的地形设计情况。设计等高线法表达地面设计标高清楚明了，能较完整表达任何一块设计用地的高程情况。

（3）局部剖面法。该方法可以反映重点地段的地形情况，如地形的高度、材料的结构、坡度、相对尺寸等，用此方法表达场地总体布局时台阶分布、场地设计标高及支挡构筑物设置情况最为直接。对于复杂的地形，必须采用此方法表达设计内容。

二、竖向设计和土方工程量的关系

竖向设计合理与否，不仅影响着整个公园的景观和建成后的使用管理，而且直接影响着土方工程量，与公园的基建费用息息相关。

（1）园林建筑和地形的结合情况。园林建筑、地坪的处理方式，以及建筑和其周围环境的联系，直接影响着土方工程。园林中的建筑如能紧密结合地形，建筑体型或组合能随形就势，就可以少动土方。如北海公园的亩鉴室、酣古堂等都是建筑和地形结合的佳例。

（2）整个园基的竖向设计是否遵循"因地制宜"这一至关重要的原则。公园地形设计应顺应自然，充分利用原地形，宜山则山，宜水则水。能因势利导地安排内容，设置景点。必要之处也可进行一些改造。这样做可以减少土方工程量，从而节约工力，降低基建费用。

（3）园路选线对土方工程量的影响。园路除主路和部分次路，因运输、养护车辆的行车需要，要求较平坦外，其余园路均可任其随地势蜿蜒起伏，所以园路设计的余地较大。尤其是山道，应该在结合地形，利用地形、地物上等方面，多动脑筋，避免大挖大填。道路选线除了满足其寻游和交通目的外，还要考虑如何减少土方工程量。在山坡上修筑路基，大致有全挖式、半挖半填式、全填式三种情况。在沟谷低洼的潮湿地段或桥头引道等处道路的路基须修成路堤，有时道路通过山口或陡峭地形，为了减少道路坡度路基往往做成堑式路基。

（4）多搞小地形，少搞或不搞大规模的挖湖堆山。例如杭州植物园分类区小地形处理。另外合理的管道布线和埋深，重力流管要避免逆埋管。

（5）缩短土方调配运距，减少小搬运。

第二节 土方工程施工

一、土方工程施工准备

在土方施工前应对工程建设进行认真、周全的准备，合理组织和安排工程建设，否则容易造成窝工甚至返工，进而影响工效，带来不必要的浪费。施工准备工作应包括前期准备工作、清理现场、做好排水设施、定点放线等几个方面。

1. 前期准备工作

（1）研究和审查图纸。

1）检查图纸和资料是否齐全，图纸是否有错误和矛盾。

2）掌握设计内容及各项技术要求，了解此工程规模、特点、工程量和质量要求。

3）熟悉土层地质、水文勘察资料。

4）进行图纸会审，搞清建设场地范围与周围地下设施管线的关系。

（2）勘察施工现场。摸清工程现场情况，提供可靠的资料和数据，收集施工相关资料，其中包括施工现场的地形、地貌、地质、水文气象、运输道路、植被、邻近建筑物、地下设施、管线、障碍物、防空洞、地面上施工范围内的障碍物和堆积物状况，供水、供电、通信情况，防洪排水系统等。

（3）编制施工方案。

1）研究制定现场场地整平、土方开挖施工方案。

2）根据甲方要求的施工进度及施工质量进行可行性分析的研究，制订出符合本工程要求及特点的施工方案与措施。

3）绘制施工总平面布置图和土方开挖图，确定其开挖路线、顺序、范围、底板标高、边坡坡度、排水沟水平位置和挖去的土方堆积地点。

4）对土方施工的人员、施工机具、施工进度及流程进行周全、细致的安排。

2. 清理现场

在施工场地范围内，影响工程开展、稳定以及进程的地面物和地下物都应进行清理，例如不需要保留的树木、废旧建筑物或地下构筑物等，以便后续的施工工作顺利进行。

（1）有碍挖方和填方的草皮、乔灌木及竹类应先行挖除，凡土方挖深不大于

50cm 或填方高度较小的土方施工,其施工现场及排水沟中的树木都必须连根拔除。

(2)伐除树木还可以用推土机将树推倒,清除树墩时可用拖拉机的牵引力或装在拖拉机上的起重绞车,通过钢丝绳将树墩拔出。

(3)清除直径在 50cm 以上的大树墩或在冻土上清除树墩时,还可采用推土机铲除或用爆破法清除。

注:大树一般不允许砍伐,如遇到现场的古树名木时,则更需要保存,必要时可与建设单位或设计单位共同考虑修正设计。

(4)在拆除建筑物与构筑物时,应根据其结构特点,按照一定次序进行。

(5)如果施工场地内的地面、地下或水中发现有管道、电线通过以及其他异常物体时,应事先请有关部门协助调查,在未查清前不可动工,以免出现危险或造成其他损失。

3. 做好排水设施

场地积水不仅不便于施工,而且影响工程质量,在施工之前对场地积水应立即排除。

(1)在低洼处或挖湖施工时,为了排水通畅,排水沟的纵坡不应小于 2‰,沟的边坡值为 1:1.5,沟底宽及沟深不小于 50cm。挖湖施工中的排水沟深度应深于水体挖深,沟可一次挖掘到底,也可以依施工情况分层下挖。

(2)在挖湖施工中应先挖排水沟,排水沟的深度,应深于水体挖深。沟可一次挖掘到底,也可以依赖施工情况分层下挖,采用哪种方式可根据出土方向决定,如图 2–1 是两面出土,如图 2–2 是单向出土,水体开挖顺序可依图上 A、B、C、D 依次进行。

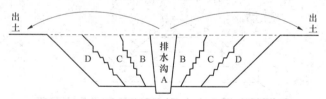

图 2–1　排水沟一次挖到底,双向出土挖湖施工示意

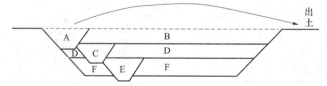

图 2–2　排水沟分层挖掘、单向出土挖湖施工示意 A、C、E 均为排水沟

4. 定点放线

清场之后,为了确定填挖土标高及施工范围,应对施工现场进行放线打桩工作。土方施工类型不同,其打桩放线的方法亦不同。

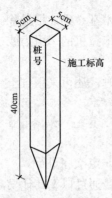

图 2-3　施工桩木

（1）平整场地的放线。平整场地的工作是将原来高低不平、比较破碎的地形按设计要求整理成为平坦的具有一定坡度的场地，对土方平整工程，一般采用方格网法施工放线。用经纬仪将图纸上的方格测设到地面上，并在每个交点处立桩木，边界上的桩木依图纸要求设置。

桩木上应标有桩号和施工标高，木桩一般选用 5cm×5cm×40cm 的木条，侧面须平滑，下端削尖，以便打入土中，桩上的桩号与施工图上方格网的编号相一致，施工标高中挖方注"＋"号，填方注"－"号如图 2-3。

注：在确定施工标高时，由于实际地形可能与图纸有出入，因此，如对所改造地形要求较高，则需要放线时用水准仪重新测量各点标高，以重新确定施工标高。

（2）自然地形的放线。对挖湖堆山的放线，仍可以利用方格作为控制网（图 2-4）。堆山填土时由于土层不断加厚，桩可能被土埋没，所以常采用标杆法或分层打桩法。对于较高山体，采用分层打桩法（图 2-5）。分层打桩时，桩的长度应大于每层填土的高度。土山不高于 5m 的，可用标杆法，即用长竹竿做标杆，在桩上把每层标高定好（图 2-6）。为了精确施工，可以用边坡样板来控制边坡坡度，如图 2-7 所示。

图 2-4　方格网放线

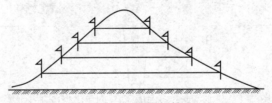

图 2-5　分层打桩

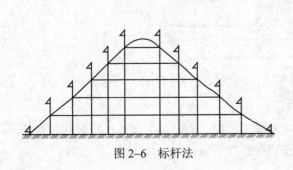

图 2-6　标杆法

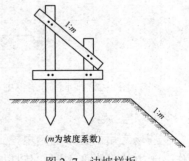

（m为坡度系数）

图 2-7　边坡样板

二、土方施工环节

1. 土方施工环节

土方施工包括挖、运、填、压四个技术环节，其施工方法可采用人力施工，也可用机械化或半机械化施工。这要根据场地条件、工程量和当地施工条件决定。在规模较大、土方较集中的工程中，采用机械化施工较经济；但对工程量不大、施工点较分散的工程或因受场地限制不便采用机械施工的地段，应该用人力施工或半机械化施工。

（1）土方的挖掘。人力挖土，施工工具主要是锹、镐、钢钎等，人力施工不但要组织好劳动力，而且要注意安全和保证工程质量。

1）施工者要有足够的工作面，一般平均每人应有 4～6m²。开挖土方附近不得有重物及易坍落物。

2）在挖土过程中，随时注意观察土质情况，要有合理的边坡。必须垂直下挖者，松软土不得超过 0.7m，中等密度者不超过 1.25m，坚硬土不超过 2m，超过以上数值的需设支撑板或保留符合规定的边坡参照表。

3）挖方工人不得在土壁下向里挖土，以防坍塌。在坡上或坡顶施工者，要注意坡下情况，不得向坡下滚落重物。

4）施工过程中注意保护基桩、龙门板或标高桩。

（2）机械挖土。主要施工机械有推土机、挖土机等。在园林施工中推土机应用较广泛但要注意几方面：

1）推土机司机应了解施工对象的情况，在动工之前应向推土机司机介绍模拟施工地段的地形情况及设计地形的特点，可以结合模型，使之更加清晰的了解。另外施工前还要了解实地定点放线情况。这一点对提高施工效率有很大关系，这一步工作做得好，在修饰山体或水体时便可以省去许多劳力物力。

2）注意保护表土。在挖湖堆山时，先用推土机将施工地段的表层熟土（耕作层）推到施工场地外围，待地形整理停当，再把表土铺回来。这样做对公园的植物生长却有很大好处。但是较麻烦，如果有条件可以这样做。

3）桩点和施工放线要明显。推土机施工进进退退，其活动范围较大，施工地面高低不平，加上进车或退车时司机视线存在某些死角，所以桩木和施工放线很容易受破坏。为使桩点和施工放线不被破坏，可采取以下方法：

① 应加高桩木的高度，桩木上可做醒目标志，如挂小红旗或在桩木上涂上亮眼的颜色，以引起施工人员的注意。

② 施工期间，施工人员应该经常到现场，随时随地用测量仪器检查桩点和放线情况，掌握全局，以免挖错（或堆错）位置。

（3）土方的运输。一般竖向设计都力求土方就地平衡，以减少土方的搬运量。

土方运输是较艰巨的工作有两种方式。

1）人工运土，一般都是短途的小搬运。车运人挑，这在有些局部或小型施工中还经常采用。

2）机械运土，运输距离较长的，最好使用机械或半机械化运输。

不论是车运人挑，还是机械运土，运输路线的组织很重要，卸土地点要明确，施工人员随时指点，避免混乱。如果使用外来土垫地堆山，运土车辆应设专人指挥，卸土的位置要准确，如果乱堆乱卸，必然会给下一步施工增加许多不必要的小搬运，从而浪费了人力物力。

（4）土方的填筑。填土应该满足工程的质量要求，土壤的质量要根据填方的用途和要求加以选择，在绿化地段土壤应满足种植植物的要求，而作为建筑用地则以要求将来地基的稳定为原则。利用外来土垫地堆山，对土质应该验定放行，劣土及受染的土壤不应放入园内，以免将来影响植物的生长和妨害游人健康。

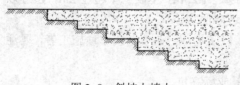

图2-8　斜坡上填土

1）大面积填方应该分层填筑，一般每层20～50cm，有条件的应层层压实。

2）在斜坡上填土，为防止新填土方滑落，应先把土坡挖成台阶状，然后再填方（图2-8）。这样可保证新填土方的稳定。

3）辇土或挑土堆山。土方的运输路线和下卸，应以设计的山头为中心结合来土方向进行安排。一般以环形线为宜，车辆或人挑满载上山，土卸在路两侧，空载的车（人）沿路线继续前行下山，车（人）不走回头路不交叉穿行，所以不会顶流拥挤。随着卸土，山势逐渐升高，运土路线也随之升高，这样既组织了人流，又使土山分层上升，部分土方边卸边压实，这不仅有利于山体的稳定，山体表面也较自然。如果土源有几个来向，运土路线可根据设计地形特点安排几个小环路，小环路以人流车辆不相互干扰为原则。

（5）土方的压实，人力夯压。可用夯、碾等工具。机械碾压可用碾压机或用拖拉机带动的铁碾。小型的夯压机械有内燃夯、蛙式夯等。

为保证土壤的压实质量，土壤应该具有最佳含水率。如土壤干燥，可以在洒水后再进行压实。在压实的过程中要注意几点要求：

1）压实工作必须分层进行，要注意均匀。

2）压实松土时夯压工具应先轻后重。

3）压实工作应自边缘开始逐渐向中间收拢，否则边缘土方外挤易引起坍落。

土方工程，施工面较宽，工程量大，施工组织工作很重要。比如大规模的工程应根据施工力量和条件决定，工程可全面铺开也可以分区分期进行。同时施工现场要有人指挥调度，各项工作要有专人负责，以确保工程可以按期按计划高质量地完成。

2. 土方施工知识扩充

每年都有雨期和冬期，而在面对雨期和冬期的时候，土方施工该如何进行，下面是简单的介绍土方施工在面临雨期和冬期时候的特殊处理。

（1）土方雨期施工。大面积土方工程施工在面临雨期时，则必须要掌握当地的气象变化，下面是从施工方法上要采取的积极措施。

1）在雨期施工前要做好必要的准备工作。雨期施工中特别重要的问题是，要保证挖方、填方及弃土区排水系统的完整和通畅，并在雨期前修成，对运输道路要加固路基，提高路拱，路基两侧要修好排水沟，以利泄水；路面要加铺炉渣或其他防滑材料；要有足够的抽水设备。

2）在施工组织与施工方法上，可采取集中力量、分段突击的施工方法，做到随挖随填，保证填土质量。也可采取晴天做低处、雨天做高处，在挖土到距离设计标高 20～30cm 时，预留垫层或基础施工前临时再挖。

（2）土方冬期施工。冬季土壤冻结后，要进行土方施工是很困难的，所以我们要尽量避免冬期施工，但是如果我们为了加快建设速度，争取施工时间，仍要面临冬期施工，所以我们在冬期开挖土方工程时要采取措施。

1）冬期施工时，运输道路和施工现场将采取防滑和防火措施。

2）防止土壤冻结，在土壤表面覆盖防寒保温层，使其与外界低温隔离，免遭冻结。

机械开挖，冻土层在 25cm 以内的土壤可用 $0.5～1.0m^3$ 单斗挖土机直接施工，或用大型推土机和铲运机等综合施工。

松碎法，可分人工与机械两种。人工松碎法适合于冻层较薄的砂质土壤、砂黏土及植物性土壤等，在较松的土壤中采用撬棍，比较坚实的土壤用钢锥。在施工时，松土应与挖运密切配合，当天松破的冻土应当天挖运完毕，以免再度遭受冻结。

爆破法，适用于松解冻结厚度在 0.5m 以上的冻土。

解冻法，常用的方法有热水法、蒸汽法和电热法等。

3）冬期土方回填时，每层铺土厚度比常温施工时减少 20%～25%，预留沉陷应比常温施工时增加。

4）冬期填方施工应在填方前清楚基底上的冰雪和保温材料，填方完成后至地面施工前，应采取防冻措施，用保温材料将面层覆盖。

5）地基土以覆盖草垫保温为主，对大面积土方开挖应采取翻松表土、耙平法。松土深度 30～40cm。

6）准备用于冬季回填的土方应大堆堆放，上覆盖二层草垫，以防冻结。

7）土方回填前，应清除基底上的冰雪和保温材料。

8）回填采用人工回填时，每层铺土厚度不超过20cm,夯实厚度为10~15cm。

9）回填土工作应连续进行，防止基土或填土层受冻。

10）土方施工应遵循现行规范有关冬期施工的规定。

3. 滑坡与塌方处理措施

（1）加强工程地质勘察。对拟建场地（包括边坡）的稳定性进行认真分析和评价；工程和路线一定要选在边坡稳定的地段，对具备滑坡形成条件的或存在古老滑坡的地段，一般不选作建筑场地或采取必要的措施加以预防。

（2）防滑技术措施。

1）对于滑坡体的主滑地段可采取挖方卸荷，拆除已有建筑物或整平后铺垫强化筛网等减重辅助措施。

2）滑坡面土质松散或具有大量裂缝时，应进行填平、夯填，防止地表水下渗；在滑坡面植树、种草皮、铺浆砌片石等保护坡面。

3）倾斜表层下有裂缝滑动面的，可在基础下设置混凝土锚桩（墩）。土层下有倾斜岩层，将基础设置在基岩上用锚铨锚固或做成阶梯形采用灌注桩基减轻土体负担。

（3）已滑工程处理。对已滑坡工程，稳定后采取设置混凝土锚固桩、挡土墙、抗滑明洞、抗滑锚杆或混凝土墩与挡土墙相结合的方法加固坡脚，并在下段做截水沟、排水沟，陡坝部分采取去土减重，保持适当坡度。

（4）做好泄洪系统。在滑坡范围外设置多道环行截水沟，以拦截附近的地表水。在滑坡区，修设或疏通原排水系统，疏导地表、地下水，防止渗入滑体。主排水沟宜与滑坡滑动方向一致，与支排水沟与滑坡方向成30°～45°角斜交，防止冲刷坡脚。处理好滑坡区域附近的生活及生产用水，防止浸入滑坡地段。如因地下水活动有可能形成浅层滑坡时，可设置支撑盲沟、渗水沟，排除地下水。盲沟应布置在平行于滑坡坡动方向有地下水露头处。做好植被工程。

（5）保持边坡坡度。保持边坡有足够的坡度，避免随意切割坡脚。土体尽量削成较平缓的坡度，或做成台阶状，使中间有1~2个平台，以增加稳定；土质不同时，视情况削成2~3种坡度。在坡脚处有弃土条件时，将土石方填至坡脚，使其起反压作用。筑挡土堆或修筑台地，避免在滑坡地段切去坡脚或深挖方。如平整场地必须切割坡脚，且不设挡土墙时，应按切割深度，将坡脚随原自然坡度由上而下削坡，逐渐挖至所要求的坡脚深度。

（6）避免坡脚取土。尽量避免在坡脚处取土，在坡肩上设置弃土或建筑物。在斜坡地段挖方时，应遵守由上而下分层的开挖程序。在斜坡上填土时，应遵守由下往上分层填压的施工程序，避免在斜坡上集中弃土，同时避免对滑坡坡体的各种振动作用。对可能出现的浅层滑坡，如滑坡土方最好将坡体全部挖除；如土方量较大，不能全部挖除，且表层土破碎含有滑坡夹层时，可对滑坡体采取深翻、推压、打乱滑坡夹层、表层压实等措施，减少滑坡因素。

三、挡土墙基础施工

由自然土体形成的陡坡超过所容许的极限坡度时，土体的稳定遭到破坏而产生滑坡和塌方，天然山体甚至会产生泥石流。如果在土坡外侧修建人工的墙体便可维持稳定。这种用以支持并防止土坡倾塌的工程结构体称为挡土墙，如图 2-9 所示。

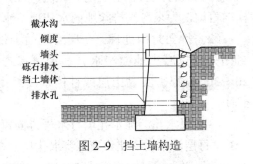

图 2-9 挡土墙构造

1. 挡土墙的形式

园林中通常采用重力式挡土墙，即借助于墙体的自重来维持土坡的稳定。常见的断面形式有直立式、倾斜式、台阶式三种，如图 2-10 所示。

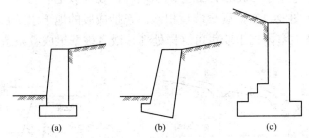

图 2-10 挡土墙的 3 种断面形式

(a) 直立式；(b) 倾斜式；(c) 台阶式

（1）直立式挡土墙。指墙面基本与水平面垂直，但也允许有约（10:0.2）～（10:1）的倾斜度的挡土墙。直立式挡土墙由于墙背所承受的水平压力大，只宜用于几十厘米到两米左右高度的挡土墙。

（2）倾斜式挡土墙。常指墙背向土体倾斜、倾斜坡度 20° 左右的挡土墙。这样使水平压力相对减少，同时墙背坡度与天然土层比较密贴，可以减少挖方数量和墙背回填土的数量。适用于中等高度的挡土墙。

（3）台阶式挡土墙。对于更高的挡土墙，为了适应不同土层深度土压力和利用土的垂直压力增加稳定性，可将墙背做成台阶形。

2. 挡土墙排水处理技术

挡土墙后土坡的排水处理对于维持挡土墙的正常使用有重大影响，特别是雨量充沛和冻土地区。据某山城统计，表明因未作排水处理或排水不良者占发生墙身推移或塌倒事故的 70%～80%。

（1）墙后土坡排水、截水明沟、地下排水网。在大片山林、游人比较稀少的地带，根据不同地形和汇水量，设置一道或数道平行于挡土墙明沟（图 2-11），利用明沟纵坡将降水和上坡地面径流排除，减少墙后地面渗水。必要时还需设纵、横向盲沟，力求尽快排除地面水和地下水。

（2）地面封闭处理。在墙后地面上根据各种填土及使用情况采用不同地面封闭处理以减少地面渗水。在土壤渗透性较大而又无特殊使用要求时，可做 20～30cm 厚夯实黏土层或种植草皮封闭，还可采用胶泥、混凝土或浆砌毛石封闭。

（3）泄水孔。泄水孔墙身水平方向每隔 2～4m 设一孔，竖向每隔 1～2m 设一行。每层泄水孔交错设置。泄水孔尺寸在石砌墙中宽度为 2～4cm，高度为 10～20cm。混凝土墙可留直径为 5～10cm 的圆孔或用毛竹筒排水。干砌石墙可不专设墙身泄水孔。

（4）暗沟。有的挡土墙基于美观要求不允许设墙面排水时，除在墙背面刷防水砂浆或填一层不小于 50cm 厚黏土隔水层外，还需设毛石盲沟，并设置平行于挡土墙的暗沟（图 2-12），引导墙后积水，包括成股的地下水及盲沟集中之水与暗管相接。园林中室内挡土墙也可这样处理，或者破壁组成叠泉造水景。

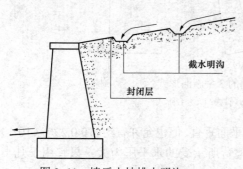

图 2-11　墙后土坡排水明沟

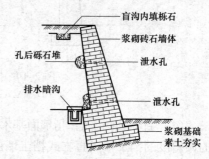

图 2-12　墙背排水盲沟和暗沟

在土壤或已风化的岩层侧面的室外挡土墙时，地面应做散水和明、暗沟管排水，必要时做灰土或混凝土隔水层，以免地面水浸入地基而影响稳定。明沟距墙底水平距离不小于 1m。

利用稳定岩层做护壁处理时，根据岩石情况，应用水泥砂浆或混凝土进行防水处理和保持相互间有较好的衔接。如岩层有裂缝则用水泥砂浆嵌缝封闭。当岩层有较大渗水外流时应特别注意引流而不宜做封闭处理，这正是做天然壁泉的好条件。在地下水多、地基软弱的情况下，可用毛石或碎石做过水层地基以加强地基排除积水。

3. 小型园林挡土墙施工案例

以建造一个6m长、1m高的挡土墙为例来说明施工环节。

（1）准备工作。

1）虽然不必用混凝土地基，但挡土墙地基必须水平、压实。从挡土墙的开始处，挖大约600mm宽、6m长的沟。

2）把土壤堆在一边。如果是渗水良好的黏土，可以重新填充于挡土墙后。否则，就得另外放入1.2m³的土壤或砂子。

3）开始放置块石之前，用酒精水平仪来检查地面是否平坦。如果地面有坡度，就把沟做成台阶状，并在低的一面另放一层块石。

（2）挡土墙施工顺序。

1）开始放置块石。在挖掘的坡度与块石层之间留出大约200mm宽的缝，并按角度放置，以便每个拐角能安插在一起。这样它们可以连接起来，使墙既具有强度又有稳定性。最后墙后用砂子或土壤回填后压实。如果有水渗流或黏土层的问题，最好在土壤下面砌一个碎石和河沙的排水层。

2）放完一层块石后，用肥沃的土壤填满它们之间的孔隙及后边的空间。把第二排放在第一排上面，但稍微靠后。这使得底层块石上的部分孔洞可见，完工后用于种植。

3）用酒精水平仪确保水平面平坦，也可用建造线维持墙体笔直。继续放置块石，直至需要的高度。一旦全部块石放好后，就往填土的块石上浇水，并压实。然后所有缝隙均可再加土填满。

（3）台阶施工。台阶可以达到希望的宽度。若每排4块，宽度是800mm，因踏面部分重叠20mm，所以每个块石踏步为380mm。小坡度上放双排块石也很好，这样台阶可以弯曲。

注意：每块块石的空心部分均要等到块石放好后才能铲入砂浆。压实每步台阶后面的土壤，并确保开始放置下排块石之前其表面绝对水平。

（4）种植容器。沿着台阶竖直摆放额外的块石长路，并让中空面朝上。必要时，还可把它们堆起来，使块石高于踏步。用肥沃的土壤填满石孔制作种植容器。若台阶是弯曲的，则踏步的有些部分可能还有缝隙。这时要用砂浆填满或种上地被植物。

（5）结尾。在墙上和台阶的边缘种上抗逆性强的爬藤或攀缘植物，不久这个结构就将被繁茂的枝叶覆盖。

四、土方放坡处理

1. 土壤的自然倾斜角

常见土壤的自然倾斜角情况见表 2–1。

表 2–1　　　　　　　常见土壤的自然倾斜角情况

土壤名称	土壤干湿情况			土壤颗粒尺寸（mm）
	干的	潮的	湿的	
砾石	40°	40°	35°	2～20
卵石	35°	45°	25°	20～200
粗砂	30°	32°	27°	1～2
中砂	28°	35°	25°	0.5～1
细砂	25°	30°	20°	0.05～0.5
黏土	45°	35°	15°	<0.001～0.005
壤土	50°	40°	30°	—
腐殖土	40°	35°	25°	—

2. 挖方放坡

挖方工程的放坡做法见表 2–2 和表 2–3，岩石边坡的坡度允许值（高宽比）受石质类别、石质风化程度以及坡面高度三方面因素的影响，见表 2–4。

表 2–2　　　　　　　不同的土质自然放坡坡度允许值

土质类别	密实度或黏性土状态	坡度允许值（高宽比）	
		坡高在 5m 以内	坡高 5～10m
碎石类土	密实	1:0.35～1:0.50	1:0.50～1:0.75
	中密实	1:0.50～1:0.75	1:0.75～1:1.00
	稍密实	1:0.75～1:1.00	1:1.00～1:1.25
老黏性土	坚硬	1:0.35～1:0.50	1:0.50～1:0.75
	硬塑	1:0.50～1:0.75	1:0.75～1:1.00
一般黏性土	坚硬	1:0.75～1:1.00	1:1.00～1:1.25
	硬塑	1:1.00～1:1.25	1:1.25～1:1.50

表 2–3　　　　　　　一般土壤自然放坡坡度允许值

序号	土壤类别	坡度允许值（高宽比）
1	黏土、粉质黏土、亚砂土、砂土（不包括细砂、粉砂），深度不超过 3m	1:1.00～1:1.25
2	土质同上，深度 3～12m	1:1.25～1:1.50
3	干燥黄土、类黄土，深度不超过 5m	1:1.00～1:1.25

表 2-4   岩石边坡坡度允许值

石质类别	风化程度	坡度允许值（高宽比）	
		坡高在 8m 以内	坡高 8～15m
硬质岩石	微风化	1:0.10～1:0.20	1:0.20～1:0.35
	中等风化	1:0.20～1:0.35	1:0.35～1:0.50
	强风化	1:0.35～1:0.50	1:0.50～1:0.75
软质岩石	微风化	1:0.35～1:0.50	1:0.50～1:0.75
	中等风化	1:0.50～1:0.75	1:0.75～1:1.00
	强风化	1:0.75～1:1.00	1:1.00～1:1.25

3. 填土边坡

填方的边坡坡度应根据填方高度、土的种类和其重要性在设计中加以规定。当设计无规定时，可按表 2-5 采用。用黄土或类黄土填筑重要的填方时，其边坡坡度可按表 2-6 采用。

表 2-5   永久性填方边坡的高度限值

序号	土的种类	填方高度（m）	边坡坡度
1	黏土类土、黄土、类黄土	6	1:1.50
2	粉质黏土、泥灰岩土	6～7	1:1.50
3	中砂或粗砂	10	1:1.50
4	砾石和碎石土	10～12	1:1.50
5	易风化的岩土	12	1:1.50
6	轻微风化、尺寸 25cm 内的石料	6 以内 6～12	1:1.33 1:1.50
7	轻微风化、尺寸大于 25cm 的石料，边坡用最大石块分排整齐铺砌	12 以内	1:1.50～1:0.75
8	轻微风化、尺寸大于 40cm 的石料，其边坡分排整齐	5 以内 5～10 >10	1:0.50 1:0.65 1:1.00

注：1. 当填方高度超过本表规定限值时，其边坡可做成折线形，填方下部的边坡坡度应为 1:2.00～1:1.75。

2. 凡永久性填方，土的种类未列入本表者，其边坡坡度不得大于 $(\varphi+45°)/2$，φ 为土的自然倾斜角。

表 2-6   黄土或类黄土填筑重要填方的边坡坡度

填土高度（m）	自地面起高度（m）	边坡坡度
6～9	0～3	1:1.75
	3～9	1:1.50
9～12	0～3	1:2.00
	3～6	1:1.75
	6～12	1:1.50

利用填土做地基时，填方的压实系数、边坡坡度应符合表 2-7 的规定。其承载力根据试验确定，当无试验数据时，可按表 2-7 选用。

表 2-7 填方的压实系数、边坡坡度、承载力要求

填土类别	压实系数 λ_c	承载力 f_k （kPa）	边坡坡度允许值（高宽比）	
			坡度在 8m 以内	坡度 8～15m
碎石、卵石	0.94～0.97	200～300	1:1.50～1:1.25	1:1.75～1:1.50
砂夹石（其中碎石、卵石占全重 30%～50%）	—	200～250	1:1.50～1:1.25	1:1.75～1:1.50
土夹石（其中碎石、卵石占全重 30%～50%）	—	150～200	1:1.50～1:1.25	1:2.00～1:1.50
黏性土（$10<I_p<14$）	—	130～180	1:1.75～1:1.50	1:2.25～1:1.75

注：I_p 为塑性指数。

第三章

园林给水排水工程

第一节 给水工程基础知识

一、给水施工知识

1. 给水工程的组成

园林给水工程按其工作过程可分为取水工程、净水工程、配水工程三部分。

（1）取水工程。是指从江、河、湖、井、泉等各种水源中取得水的工程，也可以从城市给水中直接取用。

（2）净水工程。是将水进行净化处理，使水质满足使用要求的工程。主要是满足生活用水、游戏用水和动植物养护用水的要求。

（3）配水工程。是把净化后的水输送到各个用水点的工程。如果园林用水直接取自城市自来水，则园林给水工程就简化为单纯的配水工程。

2. 园林给水特点

园林绿地给水与城市居住区、机关单位、工厂企业等的给水有许多不同，在用水情况、给水设施布置等方面都有自己的特点。其主要的给水特点如下：

（1）由于用水点分布于起伏的地形上，高程变化大。

（2）生活用水较少，其他用水较多。

（3）园林中用水点较分散。

（4）饮用水（沏茶用水）的水质要求较高，以水质好的山泉最佳。

（5）用水高峰时间可以错开。园林中灌溉用水、娱乐用水、造景用水等的具体时间都是可以自由确定的，经过时间的错位，可以做到用水均匀，可以避免出现用水高峰。

（6）水质可根据用途不同分别处理。

（7）用水点水头变化大。喷泉、喷灌设施等用水点的水头与园林内餐饮、鱼池等用水点的水头就有很大变化。

3. 园林给水方式

（1）根据给水性质和给水系统构成的不同，可将园林给水分成三种方式：

1）兼用式。在既有城市给水条件又有地下水、地表水可供采用的地方，接上城市给水系统，作为园林生活用水或游泳池等对水质要求较高的项目用水水源；而园林生产用水、造景用水等，则另设一个以地下水或地表水为水源的独立给水系统。这样做所投入的工程费用稍多一些，但以后的水费却可以大大节约。

2）引用式。园林给水系统如果直接到城市给水管网系统上取水，就是直接引用式给水。采用这种给水方式，其给水系统的构成也就比较简单，只需设置园内管网、水塔、清水蓄水池即可。

3）自给式。野外风景区或郊区的园林绿地中，如果没有直接取用城市给水水源的条件，就可考虑就近取用地下水或地表水。以地下水为水源时，因水质一般比较好，往往不用净化处理就可以直接使用，因而其给水工程的构成就要简单一些。一般可以只设水势（或管井）、泵房、消毒清水池、输配水管道等。

（2）根据水质、水压或地形高差的要求，可将园林给水分成三种方式：

1）分区供水。如园内地形起伏较大，或管网延伸很远时，可以采用分区供水。

2）分质供水。用户对水质要求不同，可采取分质供水的方式。

3）分压供水。用户对水压要求不同而采取的供水方式。

二、园林管网布置

1. 管网布置技术规定

（1）管道埋深。冰冻地区，管道应埋设于冰冻线以下 40cm 处；不冻或轻冻地区，覆土深度也不小于 70cm。当然管道也不宜埋得过深，埋得过深工程造价高；但也不宜过浅，否则管道易遭破坏。

（2）阀门及消防栓。给水管网的交点叫做节点，在节点上设有阀门等附件，为了检修管理方便，节点处应设阀门井。

阀门除安装在支管和干管的连接处外，为便于检修养护，要求每 500m 直线距离设一个阀门井。

配水管上安装消防栓，按规定其间距通常为 120m，且其位置距建筑不得少于 5m，为了便于消防车补给水，离车行道不大于 2m。

（3）管道材料的选择（包含排水管道）。给水管有镀锌钢管、PVC 塑料管等，大型排水渠道有砖砌、石砌及预制混凝土装配式等。

2. 给水管网的布置形式

园林给水管网的布置形式分为树枝形和环形两种。

（1）树枝形管道网。如图 3-1（a）所示，这种布置方式较简单，省管材就像树干分权分枝，它适合于用水点较分散的情况，对分期发展的公园有利。在一定范围内，采用树枝形管网形式的管道总长度比较短，管网建设和用水的经济性比较好，但如果主干管出故障，则整个给水系统就可能断水，用水的安全性较差。

（2）环形管道网。如图 3-1（b）所示，环形管道网是把供水管网闭合成环，使管网供水能互相调剂。这种管网形式所用管道的总长度较长，耗用管材较多，建设费用稍高于树枝形管网。但管网的使用很方便，主干管上某一点出故障时，其他管段仍能通水。

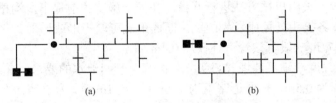

（a）　　　　　　　　　　（b）

图 3-1　给水管网的布置形式

（a）树枝形；（b）环形

在实际布置管道网的工作中，常常将两种布置方式结合起来应用。在近期中采用树枝形，而到远期用水点增多时，再改造成环形管道网形式。在园林中用水点密集的区域，采用环形管道网；而在用水点稀少的局部，则采用分支较小的树枝形管网。

3. 管网的布置要点

（1）干管应靠近主要供水点。

（2）干管应靠近调节设施。

（3）在保证不受冻的情况下，干管宜随地形起伏辐射，避开复杂地形和难于施工的地段，可以减少土石方工程量。

（4）干管应尽量埋设于绿地下，避免穿越或设于园路下。

（5）和其他管道按规定保持一定距离。

（6）管网布置应能够便于检修维护。

第二节　喷　灌　系　统

一、喷灌系统知识及施工准备

1. 施工准备

（1）场地清理。现场条件准备工作的要求是施工场地范围内绿化地坪、大树调整、土建工程、水源、电源、临时设施应基本到位，还应掌握喷灌区域内埋深小于 1m 的各种地下管线和设施的分布情况。

（2）施工放样。施工放样应尊重设计意图，尊重客观实际。对每一块独立的喷灌区域，放样时应先确定喷头位置，再确定管道位置和管槽的深度。对于闭边界区域，喷头定位时应遵循点、线、面的原则。

首先确定边界上拐点的喷头位置，再确定位于拐点之间沿边界的喷头位置，最后确定喷灌区域内部位于非边界的喷头位置。

（3）沟槽开挖。因喷灌管道沟槽断面较小，同时也为了防止对地下隐蔽设施的损坏，一般不采用机械方法进行开挖。在便于施工的前提下，沟槽应尽可能挖得窄些，只在各接头处挖成较大的坑。断面形式可取矩形或梯形。

1）沟槽宽度一般可按管道外径加 0.4m 确定。

2）沟槽深度应满足地埋式喷头安装高度及管网泄水的要求，一般情况下，绿地中管顶埋深为 0.5m，普通道路下为 1.2m（不足 1m 时，需在管道外加钢套管或采取其他措施）。

3）冻层深度一般不影响喷灌系统管道的埋深，防冻的关键是做好入冬前的泄水工作。因此，沟槽开挖时应根据设计要求保证槽床至少有 0.2% 的坡度，坡向指向指定的泄水点。

挖好的管槽底面应平整、压实，具有均匀的密实度。除金属管道和塑料管外，对于其他类型的管道，还需在管槽挖好后立即在槽床上浇筑基础（100～200mm 厚碎石混凝土），再铺设管道。

2. 喷灌的优缺点

（1）水的利用率高，比地面灌水节水 50% 以上。

（2）劳动效率高，省时、省工。

（3）适应性强，喷灌对土壤性能及地形地貌条件没有苛刻要求。

（4）保持水土，喷灌以它不形成径流的设计原则就可以达到这一重要目标。

（5）能增加空气湿度。

（6）便于自动化管理。

（7）它近似于天然降水，对植物进行全株灌溉。

（8）景观效果好，喷灌喷头良好的雾化效果和优美的水形在绿地中可形成一道美丽的景观。

（9）喷灌的唯一缺点是受气候影响明显，前期投资大，对设计和管理工作要求严格。

3. 喷灌的形式

按照管道、机具的安装方式及其供水使用特点，园林喷灌系统可分为移动式、半固定式和固定式三种见表 3-1。

表 3-1　　　　　　　　　　　园林喷灌系统的分类

类别	构造、原理及特点
移动式喷灌系统	这种灌溉区有天然地表水源，其动力水泵和干管、支管是可移动的 浇水方便灵活，可节约用水；由于不需要埋设管道等设备，所以投资较经济，机动性强，但喷水作业时劳动强度稍大

类别	构造、原理及特点
固定式喷灌系统	这种喷灌系统泵站固定，干支管均埋于地下，喷头固定于竖管上，也可临时安装 管材和喷头耗用量大，设备费用高，投资较大，但操作方便，节约劳力，便于实现自动化和遥控操作
半固定式喷灌系统	其泵站和干管固定但支管与喷头可以移动 优缺点介于上述两种喷灌系统之间

4. 喷灌机

喷灌机主要是由压水、输水和喷头三个主要结构部分构成的。输水部分，是由输水主管和分管构成的管道系统。压水部分，通常有发动机和离心式水泵，主要是为喷灌系统提动力和为水加压，使管道系统中的水压保持在一个较高的水平上（图 3-2）。

5. 喷头类型

（1）喷头形式。喷头是喷泉的一个重要组成部分，其形式见表 3-2。

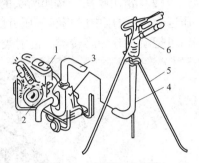

图 3-2　喷灌机示意图
1—机架；2—柴油机；3—自吸泵；
4—水管；5—角架；6—喷头

表 3-2　　　　　　喷 头 的 形 式

分类方式		概念及工作原理	优缺点
按非工作状态分类	埋地式喷头	指非工作状态下埋藏在地面以下的喷头。工作时，这类喷头的喷芯部分在水压的作用下伸出地面，然后按照一定的方式喷洒。当关闭水源，水压消失，喷芯在弹簧的作用下又缩回地下	喷头构造复杂，工作压力较高，其最大优点是不影响园林景观效果、不妨碍活动，射程、射角及覆盖角度等性能易于调节，雾化效果好
	外露式喷头	指工作状态下暴露在地面以上的喷头	构造简单，价格便宜、使用方便，对供水压力要求不高，但其射程、射角及覆盖角度不便调节且有碍园林景观
按工作状态分类	固定式喷头	指工作时喷芯处于静止状态的喷头。这种喷头也称为散射式喷头，工作时有压水流从预设的线状孔口喷出，同时覆盖整个喷洒区域	构造简单、工作可靠，使用方便
	旋转式喷头	指工作时边喷洒边旋转的喷头。多数情况下这类喷头的射程、射角和覆盖角度可以调节	这类喷头对工作压力的要求较高、喷洒半径较大。旋转式喷头的结构形式很多，可分为摇臂式、叶轮式、反作用式、全射流式等。采用旋转式喷头的喷灌系统有时需要加压设备
按射程分类	近射喷头	近射程喷头射程小于 8m	这类喷头工作压力低，只要设计合理，市政或局部管网就能满足工作要求

续表

分类方式		概念及工作原理	优缺点
按射程分类	中射喷头	中射程喷头射程为8~20m	—
	远射喷头	远射程喷头射程大于20m	这类喷头工作压力高，一般需要配置加压设备，以保证正常工作压力和雾化效果

（2）常用喷头。按照喷头的工作压力与射程来分，可把喷灌用的喷头分为高压远射程、中压中射程和低压近射程三类喷头。根据喷头的结构形式与水流形状，则可把喷头分为旋转类、漫射类和孔管类三种类型（图3-3）。

图3-3　常用喷水头

6. 喷头的布置

喷灌系统喷头的布置形式有矩形、正方形、正三角形和等腰三角形四种。在实际工作中采用什么样的喷头布置形式，主要取决于喷头的性能和拟灌溉的地段情况。表3-3所列四图，就主要表示出喷头的不同组合方式与灌溉效果的关系。

表3-3　　　　　　　　　　喷 头 布 置 一 览 表

喷头组合图	喷洒方式	喷头支距（L），支管间距（b）与喷头射程（R）的关系	有效控制面积	适用
正方形	全圆	$L=b=1.42R$	$S=2R^2$	在风向改变频繁的地方效果较好

喷头组合图	喷洒方式	喷头支距（L），支管间距（b）与喷头射程（R）的关系	有效控制面积	适用
正三角形	全圆	$L=1.73R$ $b=1.5R$	$S=2.6R^2$	在无风情况下喷灌的均匀度较好
	扇形	$L=R$ $b=1.73R$	$S=1.73R^2$	较 1、2 节省管道
等腰三角形	扇形	$L=R$ $b=1.87R$	$S=1.865R^2$	同 3

二、喷灌系统施工案例

××房产公司为了××住宅小区更好的浇灌周边植被，特实施园林喷灌系统，下面是此施工案例。

1. 安装施工准备

（1）场地清理。现场条件准备工作的要求是施工场地范围内绿化地坪、大树调整、土建工程、水源、电源、临时设施应基本到位，还应掌握喷灌区域内埋深小于 1m 的各种地下管线和设施的分布情况。

（2）施工放样。施工放样应尊重设计意图，尊重客观实际。对每一块独立的喷灌区域，放样时应先确定喷头位置，再确定管道位置和管槽的深度。对于闭边界区域，喷头定位时应遵循点、线、面的原则。

首先确定边界上拐点的喷头位置，再确定位于拐点之间沿边界的喷头位置，最后确定喷灌区域内部位于非边界的喷头位置。

（3）沟槽开挖。因喷灌管道沟槽断面较小，同时也为了防止对地下隐蔽设施的损坏，一般不采用机械方法进行开挖。在便于施工的前提下，沟槽应尽可能挖得窄些，只在各接头处挖成较大的坑。断面形式可取矩形或梯形。

1）沟槽宽度一般可按管道外径加 0.4m 确定。

2）沟槽深度应满足地埋式喷头安装高度及管网泄水的要求，一般情况下，绿地中管顶埋深为 0.5m，普通道路下为 1.2m（不足 1m 时，需在管道外加钢套管或采取其他措施）。

3）冻层深度一般不影响喷灌系统管道的埋深，防冻的关键是做好入冬前的泄水工作。因此，沟槽开挖时应根据设计要求保证槽床至少有 0.2% 的坡度，坡向指向指定的泄水点。

挖好的管槽底面应平整、压实，具有均匀的密实度。除金属管道和塑料管外，对于其他类型的管道，还需在管槽挖好后立即在槽床上浇筑基础（100～200mm 厚碎石混凝土），再铺设管道。

2. 管道安装

以下是绿地喷灌工程中的管道安装基本要求：

（1）管道敷设应在槽床标高和管道基础质量经检查合格后进行。

管道的最大承受压力必须满足设计要求，不得采用无测压试验报告的产品。

敷设管道前要对管材、管件、密封圈等重新作一次外观检查，有质量问题的均不得采用。

（2）在昼夜温差变化较大的地区，刚性接口管道施工时，应采取防止因温差产生的应力而破坏管道及接口的措施。

胶合承插接口不宜在低于 5℃ 的气温下施工，密封圈接口不宜在低于 -10℃ 的气温下施工。

（3）在安装法兰接口的阀门和管件时，应采取防止造成外加拉应力的措施。口径大于 100mm 的阀门下应设支墩。管道在敷设过程中可以适当弯曲，但曲率半径不得小于管径的 300 倍。

（4）管材应平稳下沟，不得与沟壁或槽床激烈碰撞。

一般情况下，将单根管道放入沟槽内黏接；当管径小于 32mm 时，也可将 2～3 根管材在沟槽上接好，再平稳地放入沟槽内。

（5）在管道穿墙处，应设预留孔或安装套管，在套管范围内管道不得有接口，管道与套管之间应用油麻堵塞。管道穿越公路时，应设钢筋混凝土板或钢套管，套管的内径应根据喷灌管道的管径和套管长度确定，应便于施工和维修。

（6）管道系统中设置的阀门井的井壁应勾缝，管道穿墙处应进行砖混封堵，防止地表水夹带泥土泄入。阀门井底用砾石回填，以满足阀门井的泄水要求。

（7）管道安装施工中断时，应采取管口封堵措施，防止杂物进入。管道安装施工结束后，敷设管道时所用的垫块应及时拆除。

（8）对于不同材质的管道，其连接方法也不相同。由于硬聚氯乙烯（PVC）管在绿地喷灌系统中被普遍采用，下面主要介绍硬聚氯乙烯管的连接方法。硬聚氯乙烯管道的连接方式有冷接法和热接法。虽然这两种方法都能满足喷灌系统管网设计和使用要求，但由于冷接法无需加热设备，便于现场操作，故广泛用于绿地喷灌工程。根据密封原理和操作方法的不同，冷接法又分为胶合承插法、密封圈承插法和法兰连接法，不同连接方法的适用条件及选用的连接管件亦不相同，如图 3-4 所示。

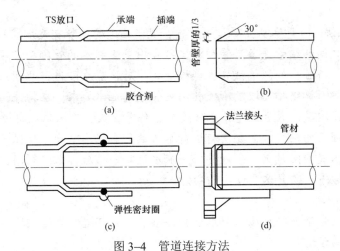

图 3-4　管道连接方法

（a）胶合承插法；（b）切割修口；（c）弹性密封圈承插法；（d）法兰连接

3. 水压试验与泄水试验

水压试验的目的在于检验管道及其接口的耐压强度和密实性，管道安装施工期间应对管道进行分段水压试验，管道安装施工结束后应进行管网水压试验。水压试验分为严密试验和强度试验。

强度试验的目的在于检验管道的连接强度是否达到设计要求。严密试验目的在于检查管网各部位是否有渗漏或其他不正常的现象，管道水压试验的具体步骤如下所述。

（1）管道注水。缓慢向试压管道中注水，同时排出管道内的空气。水需慢慢进入管道，以防发生气锤或水锤。

（2）严密试验。将管道内的水加压到 0.35MPa，保持 2h，检查各部位是否有渗漏或其他不正常现象。在 1h 内压力下降幅度小于 5%，表明管道严密试验合格。

（3）强度试验。严密试验合格后对管道再次缓慢加压至强度试验压力，保持 1h，观察各部位是否有渗漏或其他不正常现象。在 2h 内压力下降幅度小于 5% 且管道无变形，表明管道强度试验合格。

（4）结果处理。在严密试验和强度试验过程中，每当压力降落 0.02MPa 时，则应向管内补水。水压试验不合格，应及时检修；检修后达到规定的养护时间，再次进行水压试验。水压试验合格后，应立即泄水，进行泄水试验。

泄水时应打开所有的手动泄水阀，截断立管堵头，以免管道中出现负压，影响泄水效果。泄水停止后应检查管道中是否存在满管积水。

（5）现场检查满管积水的方法有探测法和排烟法两种。

1）探测法。将有刻度的标杆插入立管，从标杆头部的湿润高度来判断管道中是否满管积水。

2）排烟法。将烟雾从立管排入管道，观察临近的立管有无烟雾排出，以此判断两根立管之间的横管是否满管积水。检查出满管积水的管段后，应在图纸或现场进行标记。将独立的泄水试验区域检查完毕后，应立即进行处理。处理方法一般有以下两种：调整槽床坡度，使其满足管道的泄水要求；在特殊情况下，如果无法调整槽床坡度，或者调整槽床坡度的工作量太大，可采取局部泄水。

对于处理后的区域，需要重新进行水压试验和泄水试验，确保喷灌系统管网的承压和泄水能力同时满足设计要求。泄水试验合格后，需将阀门、安全阀等处所设的堵板撤下，恢复这些设备的功能。

4. 土方回填

管道安装完毕并经水压及泄水试验合格后，方可进行管槽回填。分部分回填与全部回填两步进行。

（1）部分回填。是指管道以上约 100mm 范围内的回填。一般采用砂土或筛过的原土回填，管道两侧分层踩实，禁止用石块或砖砾等杂物单侧回填。对于聚乙烯管（PE 软管），填土前应先对管道压力充水至接近其工作压力，以防止回填过程中管道挤压变形。

（2）全部回填。采用符合要求的原土，分层轻夯或踩实。一次填土 100~150mm，直至高出地面 100mm 左右。填土到位后对整个管槽进行水夯，以免绿化工程完成后出现局部下陷，影响绿化效果。

5. 设备安装

（1）首部安装。水泵和电机设备的安装施工必须严格遵守操作规程，确保施工质量。其操作要点主要是：

1）安装人员应具备设备安装的必要知识和实际操作能力，了解设备性能和特点。

2）核实预埋螺栓的位置与高程。

3）安装位置、高度必须符合设计要求。

4）对直联机组，电机与水泵必须同轴。

5）对非直联卧式机组，电机与水泵轴线必须平行。电器设备应由具有低压电气安装资格的专业人员按电气接线图的要求进行安装。

（2）喷头安装。喷头安装施工应注意几点：

1）喷头安装前，应彻底冲洗管道系统，以免管道中的杂物堵塞喷头。喷头的安装高度以喷头顶部与草坪根部或灌木的修剪高度平齐为宜。

2）在平地或坡度不大的场合，喷头的安装轴线与地面垂直；如果地形坡度大于20°，喷头的安装轴线应取铅垂线与地面垂线所形成的夹角的平分线方向，以最大限度保证组合喷灌均匀度。

3）为避免喷头将来自顶部的压力直接传给横管，造成管道断裂或喷头损坏，最好使用 PE 管连接管道和喷头。

（3）控制器安装。绿地喷灌系统的控制器安装应注意以下几点。

1）认真阅读设备资料，掌握安装要领，核对随带配件。控制器分室内型和室外型，应根据现场的电源条件和可能的安装位置选用合适的控制器型式。

2）室外型控制器最好安放在防水型控制箱内。如果安装在喷灌区域外面，尽量采用墙挂方式，安装高度应便于操作。如果安装在绿地边缘，一般采用混凝土基础低位安装，混凝土基础应高出绿地10cm。控制板面向外，以便管理人员在场外操作。

3）室内型控制器一般采用墙挂方式安装，安装位置和高度应便于使用和维修，应避免日光直射。

4）控制器的安装位置距电机、配电箱等电器设备的距离应大于 5m，避免电磁感应对控制器的干扰。导线接头要可靠，避免虚接；尽量使用记忆保护电池。若有遥控器配套使用，接收器的安装方向应便于遥控操作，避免遮挡。

6. 工程验收

（1）安装好喷头要进行试喷，观测正常工作条件下各喷点能否达到喷头的工作压力，是否达到设计要求，检查水泵和喷头动转是否正常。

（2）绿地喷灌系统的隐蔽工程必须进行中间验收。中间验收的施工内容主要包括管道与设备的地基和基础，金属管道的防腐处理和附属构筑物的防水处理，沟槽的位置、断面和坡度，管道及控制电缆的规格与材质，水压试验与泄水试验等。

（3）竣工验收的主要项目有：供水设备工作的稳定性；过滤设备工作的稳定性及反冲洗效果；喷头平面布置与间距；喷灌强度和喷灌均匀度；控制井井壁稳定性、井底泄水能力和井盖标高；控制系统工作稳定性；管网的泄水能力和进、排气能力等。

三、园林排水工程的性质及特点

排水工程的主要任务是把雨水、废水、污水收集起来并输送到适当地点排除，或经过处理之后再重复利用和排除掉。园林中如果没有排水工程，雨水、污水淤积园内，将会使植物遭受涝灾，滋生大量蚊虫并传播疾病；既影响环境卫生，又会严重影响公园里的所有游园活动。因此，在每一项园林工程中都要设置良好的排水工程设施。

1. 园林排水的特点

（1）主要是排除雨水和少量生活污水。

（2）园林中大多是水体，雨水可就近排入水体。

（3）排水设施应尽量结合造景。

（4）园林中地形起伏多变，有利于地面水的排除。

（5）园林可采用多种方式排水，不同地段可根据其具体情况采用适当的排水方式。

（6）排水的同时还要考虑土壤能吸收到足够的水分，以利植物生长，干旱地区尤应注意保水。

2. 园林排水的种类

（1）天然降水。园林排水管网要收集、输送和排除雨水及融化的冰、雪水。这些都属于天然的降水。

（2）生产废水。盆栽植物浇水时多浇的水，鱼池、喷泉池、睡莲池等较小的水景池排放的废水，都属于园林的生产废水。

（3）游乐废水。如游泳池、戏水池、碰碰船池、冲浪池、航模池等，就常在换水时有废水排出。游乐废水中所含污染物不算多；可以酌情向园林湖池中排放。

（4）生活污水。园林中的生活污水主要来自餐厅、茶室、小卖店、厕所、宿舍等处，另外，做清洁卫生时产生的废水，也可划入这一类中。

四、排水工程的基础施工

排水工程的主要任务是把雨水、废水、污水收集起来并输送到适当地点排除，或经过处理之后再重复利用和排除掉。

1. 排水体制

将园林中生活污水、生产废水、游乐废水和天然降水从产生地点收集、输送和排放的基本方式，称为排水系统的体制，简称排水体制。排水体制主要有分流制与合流制两类（图 3-5）。

（1）分流制排水。这种排水体制的特点是"雨、污分流"。为生活污水和其他需要除污净化后才能排放的污水另外建立的一套独立的排水系统，则叫作污水排水系统。

雨雪水、园林生产废水、游乐废水等污染程度低，不需净化处理而可直接排放，为此而建立的排水系统称雨水排水系统。两套排水管网系统虽然是一同布置，但互不相连，雨水和污水在不同的管网中流动和排除。

（2）合流制排水。排水特点是"雨、污合流"。排水系统只有一套管网，不仅可以排雨水又排污水。这种排水体制已不适于现代城市环境保护的需要，所以在一般城市排水系统的设计中已不再采用。

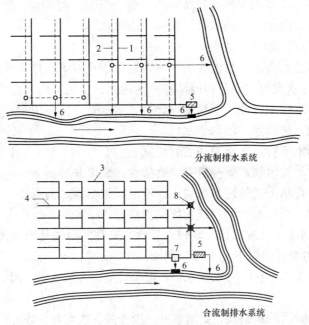

分流制排水系统

合流制排水系统

图 3-5　排水系统的体制

1—污水管网；2—雨水管网；3—合流制管网；4—截流干管；

5—污水处理站；6—出水口；7—排水泵站；8—溢流井

在污染负荷较轻、没有超过自然水体环境的自净能力时，还是可以酌情采用的。一些园林的水体面积较大，水体的自净能力完全能够消化园内有限的生活污水，为了节约排水管网建设的投资，就可以在近期考虑采用合流制排水系统，待以后污染加重了，再改造成分流制系统。

为了解决合流制排水系统对园林水体的污染，可以将系统设计为截流式合流制排水系统。截流式合流制排水系统，是在原来普通的直泄式合流制系统的基础上，增建一条或多条截流干管，将原有的各个生活污水出水口串联起来，把污水拦截到截流干管中，经干管输送到污水处理站进行简单处理后，再引入排水管网中排除。在生活污水出水管与截流干管的连接处，还要设置溢流井。通过溢流井的分流作用，把污水引到通往污水处理站的管道中。

2. 排水工程的组成

园林排水工程的组成包括了从天然降水、废水、污水的收集、输送到污水的处理和排放等一系列过程。从排水的种类方面来分，园林排水工程则是由雨水排水系统和污水两大部分构成的。

（1）雨水排水系统不只是排除雨水，还要排除园林生产废水和游乐废水。因此，它的基本构成有以下几个部分：

1）汇水坡地、集水浅沟和建筑物的屋面、天沟、雨水斗、竖管、散水。

2）雨水口、雨水井、雨水排水管网、出水口。

3）排水明渠、暗沟、截水沟、排洪沟。

4）在利用重力自流排水困难的地方，还可能设置雨水排水泵站。

（2）污水排水系统主要是排除园林生活污水，包括室内和室外部分。

1）室内污水排放设施，如厨房洗物槽、下水管、房屋卫生设备等。

2）除油池、化粪池、污水集水口。

3）污水排水干管、支管组成的管道网。

4）管网附属构筑物，如检查井、连接井、跌水井等。

5）污水处理站，包括污水泵房、澄清池、过滤池、消毒池、湾水池等。

6）出水口，是排水管网系统的终端出口。

（3）合流制排水系统只设一套排水管网，其基本组成是雨水系统和污水系统的组合。常见的组合由以下几个部分组成：

1）雨水集水口、室内污水集水口、雨水管渠、污水支管、雨、污水合流的干管和主管；

2）管网上附属的构筑物，如雨水井、检查井、跌水井、截流式合流制系统的截流干管与污水支管交接处所设的溢流井等；

3）污水处理设施，如混凝澄清池、过滤池、消毒池、污水泵房等；

4）出水口。

3. 排水管网的附属构筑物

除管渠本身外，还需在管渠系统上设置某些附属构筑物。在园林绿地中，这些构筑物常见的有雨水口、检查井、跌水井、闸门井、倒虹管、出水口等。下面就主要介绍这些构筑物。

（1）雨水口。雨水口通常设置在道路边沟或地势低洼处，是雨水排水管道收集地面径流的孔道。雨水口设置的间距，在直线上一般控制在 30～80m，它与干道常用 200mm 的连接管连接，其长度不得超过 25m。

雨水口的构造如图 3-6 所示。与雨水管或合流制干管的检查井相接时，雨水口支管与干管的水流方向以在平面上呈 60° 交角为好。支管的坡度一般不应小于 1%。雨水口呈水平方向设置时，井算应略低于周围路面及地面 3cm 左右，并与路面或地面顺接，以方便雨水的汇集和泄入。

（2）检查井。检查井的功能是便于管道维护人员检查和清理管道。另外它还是管段的连接点。检查井通常设置在管道方向坡度和管径改变的地方。井与井之间的最大间距在管径小于 500mm 时为 50m。为了检查和清理方便，相邻检查井之间的管段应在一直线上。检查井的构造主要是由井基、井身、井盖、井底和井盖身等组成，如图 3-7 所示。

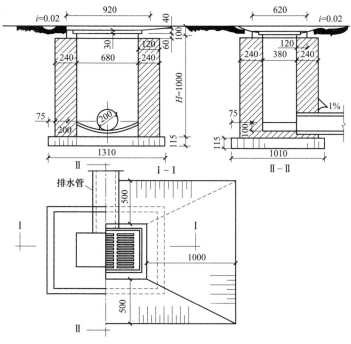

图 3-6　雨水口的一般构造（单位：mm）

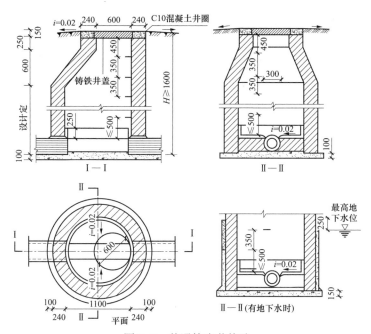

图 3-7　普通检查井构造

（3）跌水井。是设有消能设施的检查井。一般在排水管道在某地段的高程落差超过 1m 时，就需要设置一个具有消能作用的检查井，这就是跌水井。跌水井的井底要考虑对水流冲刷的防护，要采取必要的加固措施。

当检查井内上、下游管道的高程落差小于 1m 时，可将井底做成斜坡，不必做成跌水井。目前常见的跌水井有竖管式和溢流堰式两种形式。

管式跌水井一般适用于管径不大于 400mm 的排水管道上。井内允许的跌落高度因管径的大小而异。管径不大于 200mm 时，一级跌落高不宜超过 6m；当管径为 250～400mm 时，一级跌落高度不超过 4m。竖管式圆形跌水井的构造如图 3-8 所示。

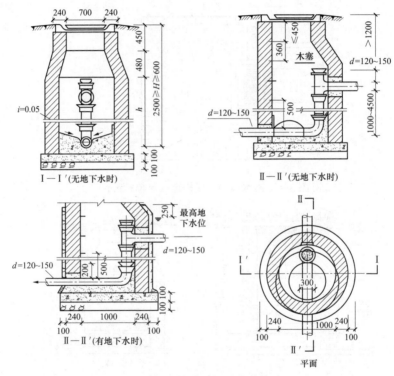

图 3-8 竖管式圆形跌水井构造

溢流堰式跌水井多用于 400mm 以上大管径的管道上。当管径大于 400mm，而采用溢流堰式跌水井，其跌水水头高度、跌水方式及井身长度等都应通过有关水力学公式计算求得。

（4）闸门井。由于降雨或潮汐的影响，使园林水体水位增高，可能对排水管形成倒灌；或者，为了防止降雨时污水对园林水体的污染以及调节、控制排水管道内水的方向与流量，就要在排水管网中或排水泵站的出口处设置闸门井。闸门井由基础、井室和井口组成。闸门的启闭方式可以是手动的，也可以是电动的；闸门结构比较复杂，造价也较高。

（5）出水口。排水管渠的出水口是雨水、污水排放的最后出口，其位置和形式视水位、水流方向而定，管渠出水口不要淹没于水中。最好令其露在水面上如图 3-9 所示。

在园林中，出水口最好设在园内水体的下游末端，要和给水取水区、游泳区等保持一定的安全距离。雨水口的设置一般为非淹没式的，即排水管出水口的管底高程要在水位线以上，以防倒灌。

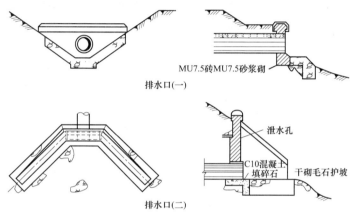

图 3-9 排（出）水口构造图

4. 排水系统的布置形式

园林排水系统的布置，是在确定了所规划、设计的园林绿地排水体制、污水处理方案和估算出园林排水量的基础上进行的。在雨水排水系统平面布置中，主要应确定雨水管网中主要的管渠、排洪沟及出水口的位置。各种管网设施的基本位置大概确定后，再选用一种最适合的管网布置形式，对整个排水系统进行安排。排水管网的布置形式见表 3-4。

表 3-4 排水管网的布置形式

形式	内容	示图
正交式布置	当排水管网的干管总走向与地形等高线或水体方向大致成正交时，管网的布置形式就是正交式。这种布置方式适用于排水管网总走向的坡度接近于地面坡度时和地面向水体方向较均匀地倾斜时	

形 式	内　容	示　图
截流式布置	在正交式布置的管网较低处,沿着水体方向再增设一条截流干管,将污水截流并集中引到污水处理站。这种管网的布置形式就是截流式布置	
扇形布置	在地势向河流湖泊方向有较大倾斜的园林中,为了避免因管道坡度和水的流速过大而造成管道被严重冲刷的现象,可将排水管网的主干管布置成与地面等高线或与园林水体流动方向相平行或夹角很小的状态。这种布置方式又可称为平行式布置	
分区式布置	当规划设计的园林地形高低差别很大时,可分别在高地形区和低地形区各设置独立的、布置形式各异的排水管网系统,这种形式就是分区式布置。低区管网可按重力自流方式直接排入水体的,则高区干管可直接与低区管网连接	
辐射式布置	在用地分散、排水范围较大、基本地形是向周围倾斜的和周围地区都有可供排水的水体时,为了避免管道埋设太深、降低造价,可将排水干管布置成分散的、多系统、多出口的形式。这种形式又叫分散式布置	
环绕式布置	这种方式是将辐射式布置的多个分散出水口用一条排水主干管串联起来,使主干管环绕在周围地带,并在主干管的最低点集中布置一套污水处理系统,以便污水的集中处理和再利用。这种管网布置形式叫环绕式布置	

5. 排水主要形式

　　公园中排除地表径流,基本上有三种形式,即地面排水,管渠排水和暗沟排水,三者之间以地面排水最为经济。现以几种常见排水量相近的排水设施的造价作一比较。设管道(混凝土管或钢筋混凝土管)的造价为100%,则石砌明沟约为58.0%,砖砌明沟约为68.0%,砖砌加盖沟约为27.9%,而土明沟只为2%。由此可见利用地面排水的经济性。

（1）地面排水。在我国，大部分公园绿地都采用地面排水为主、沟渠和管道排水为辅的综合排水方式。

地面排水的方式可以归结为五个字，即：拦、阻、蓄、分、导。"拦"指的是把地表水拦截于园地或某局部之外；"阻"指的是在径流流经的路线上设置障碍物挡水，达到消力降速以减少冲刷的作用；"蓄"有两种含义：一是采取措施使土壤多蓄水；另一个是利用地表洼处或池塘蓄水；"分"指的是用山石建筑墙体等将大股的地表径流分成多股细流，以减少危害；"导"指的是把多余的地表水或造成危害的地表径流利用地面、明沟、道路边沟或地下管及时排放到园内的水体或雨水管渠中区。

（2）管渠排水。公园绿地应尽可能利用地形排除雨水，但在某些局部如广场、主要建筑周围或难以利用地面排水的局部，可以设置暗管，或开渠排水。这些管渠可根据分散和直接的原则，分别排入附近水体或城市雨水管，不必搞完整的系统。

（3）暗沟排水。暗沟又叫盲沟，是一种地下排水渠道，用以排除地下水，降低地下水位。在一些要求排水良好的活动场地，如体育场、儿童游戏场等或地下水位过高影响植物种植和开展游园活动的地段，都可以采用暗沟排水。依地形及地下水的流动方向而定，大致可归纳为自然式、截流式、算式、耙式等几种（图 3-10）。

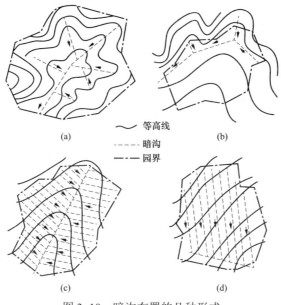

图 3-10　暗沟布置的几种形式
（a）自然式；（b）截流式；（c）算式；（d）耙式

1）自然式。园址处于山坞状地形，由于地势周边高中间低，地下水向中心部分集中，其地下暗渠统一布置，将排水干渠设于谷底，其支管自由伸向周围的每个山洼以拦截由周围侵入园址的地下水。

2）截流式。园址四周或一侧较高，地下水来自高地，为了防止园外地下水侵入园址，在地下水来向一侧设暗沟截流。

3）算式。地处豁谷的园址，可在谷底设干管，支管成鱼骨状向两侧坡地伸展。此法排水迅速，适用于低洼地积水较多处。

4）耙式。此法适合于一面坡的情况，将干管埋设于坡下，支管由一侧接入，形如铁耙式。

以上几种形式可视当地情况灵活采用，单独用某种形式布置或据情况用两种以上形式混合布置均可。

6. 出水口处理

当地表径流利用地面或明渠排入园林水体时，为了保护岸坡，出水口应作适当的处理，常见的处理方法如下。

（1）做簸箕式出水口。即所谓做"水簸箕"。这是一种敞口式排水槽。槽身可采用三合土、混凝土、浆砌块石或砖砌体做成，如图 3-11 所示。

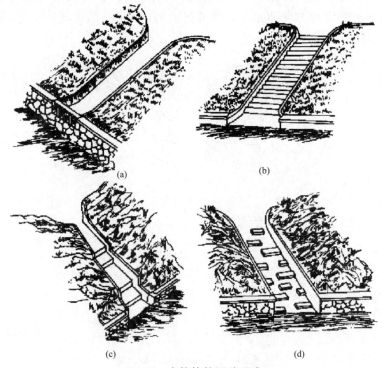

(a)　　　　　　　　　　　(b)

(c)　　　　　　　　　　　(d)

图 3-11　水簸箕的四种形式

（a）栏栅式；（b）礓礤式；（c）消力阶；（d）消力块

（2）做成消力出水口。排水槽上口下口高差大时可以在槽底设置"消力阶"礓磋或消力块。

（3）做造景出水口。在园林中，雨水排水口还可以结合造景布置成小瀑布、跌水、溪涧、峡谷等，一举两得，既解决了排水问题，又使园景生动自然，丰富了园林景观内容。

（4）埋管成排水口。这种方法园林中运用很多，即利用路面或道路两侧的明渠将水引至适当位置，然后设置排水管作为出水口，排水管口可以伸出到园林水面以上或以下，管口出水直接落入水面，可避免冲刷岸边；或者，也可以从水面以下出水，从而将出水口隐藏起来，成为一景。

7. 防止地表径流冲刷地表土壤的措施

当地表径流流速过大时，就会造成地表冲蚀。解决这个问题可以从竖向设计、植树种草、覆盖地面，"护土筋"，挡水石，谷方等几个方面下手。

（1）竖向设计。

1）注意控制地面坡度，使之不致过陡，有些地段如较大坡度不可避免，应另采取措施以减少水土流失。

2）利用盘山道、谷线等拦截和组织排水。

3）同一坡度的坡面不宜延续过长，应该有起有伏，使地表径流不致一冲到底，形成大流速的径流。

4）利用植被护坡，减少或防止对表土的冲蚀。

对设置地面障碍物来减轻地表径流冲刷影响的方法有如图 3–12 几种措施。

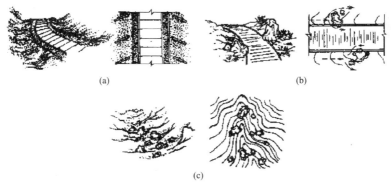

(a)　　　　　　　　　　　　　　　(b)

(c)

图 3–12　防止径流冲刷的工程措施
（a）设置护土筋；（b）设挡水石；（c）做谷方

（2）植树种草，覆盖地面。对地表径流较多，水土流失较严重的坡地，可以培植草本地被植物覆盖地面；还可以栽种乔木与灌木，利用树根紧固较深层的土壤，使坡地变得很稳定。覆盖了草本地被植物的地面，其径流的流速能够受到很好的控制，地面冲蚀的情况也能得到充分的抑制。

（3）"护土筋"。沿着山路坡度较大处，或与边沟同一纵坡且坡面延续较长的地方敷设"护土筋"。其做法是：采用砖石或混凝土块等，横向埋置在径流速度较大的坡面上，砖石大部分埋入地下，只有3～5cm露出于地面，每隔一定距离（10～20m）放置3～4道，与道路成一定角度，如鱼翅状排列于道路两侧，以降低径流流速，消减冲刷力，如图3-12（a）所示。

（4）挡水石。利用山道边沟排水，在坡度变化较大处（如在台阶两侧），由于水的流速大，表土土层很容易受到严重冲刷，严重影响道路路基。为了减少冲刷，在台阶两侧置石挡水，以缓解雨水流速。这种置石称作挡水石［图3-12（b）］。

（5）"谷方"。当地表径流汇集在山谷或地表低洼处，为了避免地表被冲刷，在汇水线地带散置一些山石，作延缓阻碍水流，达到降低流速、保护地表的作用。这些山石称作"谷方"［图3-12（c）］。

第四章

园林供电照明工程

第一节 园 林 照 明

一、园林照明的基本知识

1. 照明技术的基本知识

（1）显色性与显色指数。当某种光源的光照射到物体上时，所显现的色彩不完全一样，有一定的失真度。

这种同一颜色的物体在具有不同光谱功率的光源照射下，显出不同的颜色的特性，就是光源的显色性，它通常用显色指数（R_a）来表示光源的显色性。显色指数越高，颜色失真越少，光源的显色性就越好。

（2）色温。色温是电光源技术参数之一。光源的发光颜色与温度有关。

当光源的发光颜色与黑体（指能吸收全部光能的物体）加热到某一温度所发出的颜色相同时的温度，就称为该光源的颜色温度，简称色温。用绝对温标 K 来表示。

（3）照明方式。进行园林照明设计必须对照明方式有所了解，方能正确规划照明系统。其方式可分成 3 种。

1）混合照明。由一般照明和局部照明共同组成的照明。

在需要较高照度并对照射方向有特殊要求的场合，宜采用混合照明。此时，一般照明照度按不低于混合照明总照度的 5%～10%选取，且最低不低于 20lx（勒克斯）。

2）一般照明。是不考虑局部的特殊需要，为整个被照场所而设置的照明。这种照明方式的一次投资少，照度均匀。

3）局部照明。对于景区（点）某一局部的照明。当局部地点需要高照度并对照度方向有要求时，宜采用局部照明，但在整个景（区）点不应只设局部照明而无一般照明。

（4）照明质量。良好的视觉效果不仅是单纯地依靠充足的光通量，还需要有一定的光照质量要求。

1）合理的照度。照度是决定物体明亮程度的间接指标。在一定范围内，照度增加，视觉能力也相应提高。

2）照明均匀度。游人置身园林环境中，如果有彼此亮度不相同的表面，当视觉从一个面转到另一个面时，眼睛被迫经过一个适应过程。

当适应过程多次不断反复时，就会导致视觉的疲劳。因此，通常在考虑园林照明中，除力图满足景色的需要外，还要注意周围环境中的亮度分布应力求均匀。

3）眩光限制。眩光是影响照明质量的主要特征。所谓眩光是指由于亮度分布不适当或亮度的变化幅度太大，或由于在时间上相继出现的亮度相差过大所造成的观看物体时感觉不适或视力减低的视觉条件。

为防止眩光产生，常采用的方法是：注意照明灯具的最低悬挂高度；力求使照明光源来自优越方向；使用发光表面面积大、亮度低的灯具。

2. 公园、绿地的照明原则

公园、绿地的照明属室外照明，由于其环境复杂，用途各异，变化多端，因而很难予以硬性规定，仅提出以下一般原则供参考。

（1）无论是白天或黑夜，照明设备均需隐蔽在视线之外，最好全部敷设电缆线路。

（2）彩色装饰灯可创造节日气氛，特别倒映在水中更为美丽，但是这种装饰灯光不易获得一种宁静、安详的气氛，也难以表现出大自然的壮观景象，只能有限度地调剂使用。

（3）不要泛泛设置照明措施，而应结合园林景观的特点，以能最充分体现其在灯光下的景观效果为原则来布置照明措施。

（4）关于灯光的方向和颜色的选择，应以能增加树木、灌木和花卉的美观为主要前提。

如针叶树只在强光下才反应良好，一般只宜于采取暗影处理法。阔叶树种白桦、垂柳、枫等对泛光照明有良好的反应效果；白炽灯包括反射型，卤钨灯却能增加红、黄色花卉的色彩，使它们显得更加鲜艳，小型投光器的使用会使局部花卉色彩绚丽夺目；汞灯使树木和草坪的绿色鲜明夺目等。

（5）在设计公园、绿地园路装照明灯时，要注意路旁树木对道路照明的影响，为防止树木遮挡可以采取适当减少灯间距，加大光源的功率以补偿由于树木遮挡所产生的光损失，也可以根据树型或树木高度不同，安装照明灯具时，采用较长的灯柱悬臂，以使灯具突出树缘外或改变灯具的悬挂方式等以弥补光损失。

（6）对于公园和绿地的主要园路，宜采用低功率的路灯装在 3～5m 高的灯柱上，柱距 20～40m，效果较好，也可每柱两灯，需要提高照度时，两灯齐明。也可隔柱设置控制灯的开关，来调整照明。也可利用路灯灯柱装以 150W 的密封光束反光灯来照亮花圃和灌木。在一些局部的假山、草坪内可设地灯照明，如要在内设灯杆装设灯具时，其高度应在 2m 以下。

3. 园林场地照明

（1）大面积园林场地设置园灯。面积广大的园林场地如园景广场、门景广场、停车场等，一般选用钠灯、氙灯、高压汞灯、卤钨灯等功率大、光效高的光源，采用杆式路灯的方式布置广场的周围，间距为 10～15m。若在特大的广场中采用氙灯作光源，也可在广场中心设立钢管灯柱，直径 25～40cm，高 20m 以上。

对大型广场的照明可以不要求照度均匀。对重点照明对象，可以采用大功率的光源和直接型灯具，进行突出性的集中照明。而对一般的或次要的照明对象，则可采用功率较小的光源和漫射型、半间接型灯具，实行装饰性的照明。

（2）小面积园林场地设置园灯。在对小面积的园林场地进行照明设计时，要考虑场地面积大小和场地形状对照明的要求。

小面积场地的平面形状若是矩形的，则灯具最好布置在 2 个对角上或在 4 个角上都布置；灯具布置最好要避开矩形边的中段。

圆形的小面积场地，灯具可布置在场地中心，也可对称布置在场地边沿。面积较小的场地一般可选用卤钨灯、金属卤化物灯和荧光高压汞灯等作为光源。

（3）游乐或运动场地设置园灯。游乐或运动场地因动态物多，运动性强，在照明设计中要注意不能采用频闪效应明显的光源，如荧光高压汞灯、高压钠灯、金属卤化物灯等，而要采用频闪效应不明显的卤钨灯和白炽灯。灯具一般以高杆架设方式布置在场地周围。

（4）园林草坪场地的照明。园林草坪场地的照明一般以装饰性为主，但为了体现草坪在晚间的景色，也需要有一定的照度。对草坪照明和装饰效果最好的是矮柱式灯具和低矮的石灯、球形地灯、水平地灯等，由于灯具比较低矮，能够很好地照明草坪，并使草坪具有柔和的、朦胧的夜间情调。灯具一般布置在距草坪边线 1.0～2.5m 的草坪上。

若草坪很大，也可在草坪中部均匀地布置一些灯具。灯具的间距可在 8～15m 之间，其光源高度可在 0.5～15m 之间。灯具可采用均匀漫射型和半间接型的，最好在光源外设有金属网状保护罩，以保护光源不受损坏。光源一般要采用照度适中的、光线柔和的、漫射性的一类，如装有乳白玻璃灯罩的白炽灯、装有磨砂玻璃罩的普通荧光灯和各种彩色荧光灯、异形的高效节能荧光灯等。

二、园林灯光造景

园林的夜间形象主要是在园林固有景观的基础上，利用夜间照明和灯光造景来塑造的。夜间照明的方法已如上述，下面则主要讲述灯光造景的方法。

1. 环境照明

环境照明不是专为某一物体或某一活动而设，主要提供一些必要光亮的附加光线，让人们感受到或看清周围的事物。

（1）环境照明的光线应该是柔和地弥漫在整个空间，具有浪漫的情调，所以通常应消除特定的光源点。

（2）可以利用匀质墙面或其他物体的反射使光线变得均匀、柔和，也可以采用地灯、光纤、霓虹灯等，以形成一种充满某一特定区域的散射光线。

（3）可用特殊灯具，以适宜的光色予以照明。

（4）隐藏灯具，避免眩光。可根据需要考虑其经济性。

2. 重点、工作、安全照明

（1）重点照明。重点照明是指为强调某些特定目标而进行的定向照明。为了使园林充满艺术韵味，在夜晚可以用灯光强调某些要素或细部，即选择定向灯具将光线对准目标，使这些物体打上一定强度的光线，而让其他部位隐藏在弱光或暗色之中，从而突出意欲表达的物体，产生特殊的景观效果。

重点照明设计应符合下列要求：

1）明、暗要根据需要进行设计，有时需要暗光线营造气氛。

2）照度要有差别，不可均一，以造成不同的感受。

3）需将阴影夸大，从而起到突出重点的作用。

4）可根据需要考虑其经济性。

重点照明须注意灯具的位置。使用带遮光罩的灯具以及小型的、便于隐藏的灯具可减少眩光的刺激，同时还能将许多难以照亮的地方显现在灯光之下，产生意想不到的效果，使人感到愉悦和惊异。

（2）安全照明。为确保夜间游园、观景的安全，需要在广场、园路、水边、台阶等处设置灯光，让人能够清晰地看清周围的高差障碍；在墙角、屋隅、丛树之下布置适当的照明，可给人以安全感。

安全照明的设计应符合下列要求：

1）有必要的亮度。

2）光线连续、均匀。

3）可单独设置，也可与其他照明一并考虑。

4）照明方案经济。

（3）工作照明。工作照明是为特定活动所设，应符合下列要求：

1）所提供的光线应该无眩光、无阴影，以便使活动不受夜色的影响。

2）要注意对光源的控制，即在需要时光源能够很容易地被打开，而在不使用时又能随时关闭，恢复场地的幽邃和静谧。

3. 园灯构造与类型

（1）园灯的构造。园灯主要由灯罩、灯柱、基座及基础四部分组成。

1）灯罩。保护光源，变直接发光源为散射光或反射光，用乳白玻璃灯罩或有机玻璃制成，可避免刺目的眩光。

2）灯柱。支撑光源及确定光源的高度，常用的有钢筋混凝土灯柱、金属灯柱、木灯柱等。

3）基座。固定并保护灯柱，使灯柱近人流部分不受撞击，一般可用天然石块加工而成，或用混凝土、砖块、铸铁等制成。

4）基础。稳定基座，使其不下沉，可用素混凝土或碎砖、三合土等材料。

园灯可使用不同的材料，设计出不同造型。园灯如果选用合适，能在以山水、花木为主体的自然园景中起到很好的点缀作用。园灯的造型有几何形与自然形之分。选用几何造型可以突出灯具的特征而形成园景的变化；采用自然造型则能与周围景物相和谐而达到园景的统一。

（2）园灯的类型。

1）投光器。将光线由一个方向投射到需要照明的物体上，可产生欢快、愉悦的气氛。使用一组小型投光器，并通过精确的调整，使之形成柔和、均匀的背景光线，可以勾勒出景物的外形轮廓，就成了轮廓投光灯。

2）低照明器。低照明器主要用于草坪、园路两旁、墙垣之侧或假山、岩洞等处渲染特殊的灯光效果。低照明器的光源高度设置在视平线以下，可用磨砂或乳白玻璃罩护光源，或者为避免产生眩光而将上部完全遮挡。

3）杆头式照明器。杆头式照明器的照射范围较大，光源距地较远，主要用于广场、路面或草坪等处，渲染出静谧、柔和的气氛。杆头式照明器过去常用高压汞灯作为光源，现在为了高效、节能，广泛采用钠灯。

4）埋地灯。埋地灯外壳由金属构成，内用反射型灯泡，上面装隔热玻璃。埋地灯常埋置于地面以下，主要用于广场地面，有时为了创造一些特殊的效果，也用于建筑、小品、植物的照明。

5）水下照明彩灯。水下照明彩灯主要由金属外壳、转臂、立柱以及橡胶密封圈、耐热彩色玻璃、封闭反射型灯泡、水下电缆等组成，有红、黄、绿、琥珀、蓝、紫等颜色，可安装于水下30～1000mm处，是水景照明和彩色喷泉的重要组成部分。

4. 园林灯光造型

灯光、灯具还有装饰和造型的作用。特别是在灯展、灯会上，灯的造型千变万化，绚丽多彩，成为夜间园林的主要景观。

（1）图案与文字造型。用灯饰制作图案与文字，应采用美耐灯、霓虹灯等管状的易于加工的装饰灯。先要设计好图案和文字，然后根据图案文字制作其背面的支架，支架一般用钢筋和角钢焊接而成。将支架焊稳焊牢之后，再用灯管照着设计的图样做出图案和文字来。为了以后更换烧坏的灯管方便，图样中所用灯管的长度不必要求很长，短一点的灯管多用几根也是一样的。由于用作图案文字造型的线形串灯具有管体柔软、光色艳丽、绝缘性好、防水节能、耐寒耐热、适用环境广、易于安装和维护方便等优点，因而在字形显示、图案显示、造型显示和轮廓显示等多种功能中应用十分普遍。

（2）装饰物造型。利用装饰灯还可以做成一些装饰物，用来点缀园林环境。如果用满天星串灯组成一条条整齐排列的下垂的光串，可做成灯瀑布，布置于园林环境中或公共建筑的大厅内，能够获得很好的装饰效果。在园路路口、桥头、亭子旁、广场边等环境中，可以在4～7m高的钢管灯柱顶上安装许多长度相等的美耐灯软管，从柱顶中心向周围披散展开，组成如椰子树般的形状，即为灯树。用不同颜色的灯饰，还可以组合成灯拱门、灯宝塔、灯花篮、灯座钟、灯涌泉等多姿多彩的装饰物。

（3）激光照射造型。在应用探照灯等直射光源以光柱照射夜空的同时，还可以使用新型的激光射灯，在夜空中创造各种光的形状。激光发射器可发出各种可见的色光，并且可随意变化光色。各种色光可以在天空中绘出多种曲线、光斑、图案、花形、人形甚至写出一些文字来，使园林的夜空显得无比奇幻和奥妙，具有很强的观赏性。

三、供电施工基础

1. 配电线路布置方式

为用户配电主要是通过配电变压器降低电压后，再通过一定的低压配电方式输送到用户设备上。在到达用户设备之前的低压配电线布置形式如图4-1所示。

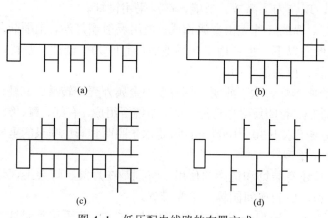

图4-1　低压配电线路的布置方式
（a）链式；（b）环式；（c）放射式；（d）树干式

（1）链式线路。从配电变压器引出的380V/220V低压配电主干线顺序地连接起几个用户配电箱，其线路布置如同链条状。这种线路布置形式适宜在配电箱设备不超过5个的较短的配电干线上采用。

（2）环式线路。通过从变压器引出的配电主干线，将若干用户的配电箱顺序地联系起来，而主干线的末端仍返回到变压器上。这种线路构成了一个闭合的环，环状电路中任何一段线路发生故障，都不会造成整个配电系统断电。这种方式供电的可靠性比较高，但线路、设备投资也相应要高一点。

（3）放射式线路。由变压器的低压端引出低压主干线至各个主配电箱，再由每个主配电箱各引出若干条支干线连接到各个分配电箱，最后由每个分配电箱引出若干小支线，与用户配电板及用电设备连接起来。这种线路分布是呈三级放射状的，供电可靠性高，但线路和开关设备等投资较大，所以较适合用电要求比较严格、用电量也比较大的用户地区。

（4）树干式线路。从变压器引出主干线，再从主干线上引出若干条支干线，从每一条支干线上再分出若干支线与用户设备相连。这种线路呈树木分枝状，减少了许多配电箱及开关设备，因此投资比较少，但是，若主干线出故障，则整个配电线路即不能通电，所以，这种形式用电的可靠性不太高。

（5）混合式线路。即采用上述两种以上形式进行线路布局，构成混合了几种布置形式优点的线路系统。例如，在一个低压配电系统中，对一部分用电要求较高的负荷，采用局部的放射式或环式线路，对另一部分用电要求不高的用户，则可采用树干式局部线路，整个线路则构成了混合式。

2. 配电导线选择

在园林供电系统中，要根据不同的用电要求来选配所用导线或电缆截面的大小。低压动力线的负荷电流较大，一般要先按导线的发热条件来选择截面，然后再校验其电压的损耗和机械强度。低压照明线对电压水平的要求比较高，所以一般都要先按所允许的电压损耗条件来选择导线截面，而后再校验其发热条件和机械强度。

（1）按机械强度来选择导线。安装好的电线、电缆有可能受到风雨、雪雹、温度应力和线缆本身重力等外界因素的影响，这就要求导线或电缆要有足够的机械强度。因此，所选导线的最小截面就不得小于机械强度要求的最小允许截面。架空低压配电线路的最小截面不应小于 $16mm^2$，而用铜绞线的直径则不小于 $3.2mm^2$。

（2）按电压损耗条件选择导线。当电流通过送电导线时，由于线路中存在着阻抗，就必然会产生电压损耗或电压降落。如果电压损耗值或电压降值超过允许值，用电设备就不能正常使用，因此就必须适当加大导线的截面，使之满足允许电压损耗的要求。

（3）按发热条件选择导线。导线的发热温度不得超过允许值。选择导线时，应使导线的允许持续负荷电流（即允许载流量）I_1 不小于线路上的最大负荷电流（计算电流）I_2，即 $I_1 \geqslant I_2$。

根据以上三种方法选出的导线，设计中应以其中最大一种截面为准。导线截面求出之后，就可以从电线产品目录中选用稍大于所求截面的导线，然后再确定中性线的截面大小。

（4）配电线路中性线（零线）截面的选择。选择中性线截面主要应考虑以下条件：三相四线制的中性线截面不小于相线截面的 50%；接有荧光灯、高压汞灯、高压钠灯等气体放电灯具的三相四线制线路，中性线应与三根相线的截面一样大小；单相两线制的中性线则应与相线同截面。

第二节 园灯安装要点

一、园灯安装要点

园灯是属于公共管理设施中的照明设备，在园林中除了有实用性的照明功能外，另外具有观赏性的功能，成为园林饰景的重要部分。

1. 园灯的配置、设计和使用条件

（1）凡门柱、走廊、亭舍、水边、草地、花坛、塑像、园路的交叉点、阶梯段、丛林，以及主要建筑物及干路等处，均宜设置园灯。

（2）园灯可作为单独造型存在，亦可与园林建筑物，如亭廊或门柱等相配而成一景。照明方式则采用间接照明较佳，如用反射灯罩、磨砂玻璃罩及百叶窗式罩等。

（3）电源配线应尽量为地下缆线配线法，其埋入深度应在 45cm 以上。

（4）在小园林中的庭灯，亦可考虑作活动式的设备，并预设户外电源及接座数处，以作多方面的弹性利用。

2. 园灯材料

（1）人工材料。金属庭灯、塑胶庭灯、烧瓷庭灯、水泥庭灯等，以金属灯为典型。金属庭灯则有铜铁及其他金属等；塑胶庭灯则有冷胶、玻璃纤维、压克力、玻璃；水泥庭灯有水泥粉光、洗石子、斩石子、磨石子、拟石之不同；烧瓷庭灯有陶器、瓷器、珐琅。

（2）自然材料。石庭灯、木庭灯，以石庭灯为普遍。石庭灯又有自然石、制材石之分；木庭灯亦有原木、制材之别。

3. 园灯安装步骤

（1）灯架、灯具安装。

1）按设计要求测出灯具（灯架）安装高度，在电杆上画出标记。

2）将灯架、灯具吊上电杆（较重的灯架、灯具可使用滑轮、大绳吊上电杆），穿好抱箍或螺栓，按设计要求找好照射角度，调好平整度后，将灯架紧固好。

3）成排安装的灯具其仰角应保持一致，排列整齐。

（2）配接引下线。

1）将针式绝缘子固定在灯架上，将导线的一端在绝缘子上绑好回头，并分别与灯头线、熔断器进行连接。将接头用橡胶布和黑胶布半幅重叠各包扎一层。然后将导线的另一端拉紧，并与路灯干线背扣后进行缠绕连接。

2）每套灯具的相线应装有熔断器，且相线应接螺口灯头的中心端子。

3）引下线与路灯干线连接点距杆中心应为 400～600mm，且两侧对称一致。

4）引下线凌空段不应有接头，长度不应超过 4m，超过时应加装固定点或使用钢管引线。

5）导线进出灯架处应套软塑料管，并做防水弯。

（3）试灯。全部安装工作完毕后，送灯、试灯，并进一步调整灯具的照射角度。

二、管线综合及其敷设方式

园林工程所涉及的单项工程比较多，各单项工程的设计、施工单位也常不一样。如果各自承担设计、施工的管线在平面上和立面位置上相互冲突和干扰，或者致使园内园外管线互不衔接，规划设计的管线与现状管线之间不吻合等等，都可能引起施工障碍或造成返工，浪费人力和物力。因此，在正式进行管线工程施工之前，一定要进行管线综合的工作，园林管线综合平面如图 4-2 所示。

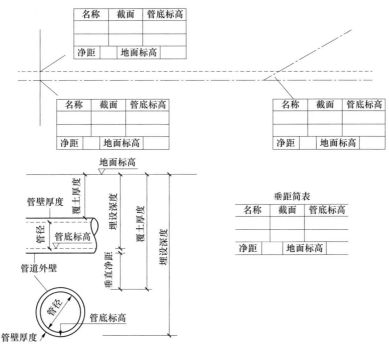

图 4-2　园林管线综合平面图

1. 综合管线分类

（1）给水管。包括灌溉给水、水景给水、消防给水、生活给水、游乐给水等管道。

（2）排水沟管。按雨污分流制，排水沟管主要分雨水管沟和污水管两类。

1）雨水沟管。有地面的排水明沟、排水暗沟，地下的雨水管和为降低地下水位所设的排水盲沟。

2）污水管。在园林中主要是生活污水管道，如从餐厅、茶社引出的污水管以及从宿舍、公厕出来的污水管等等。

（3）电力缆线。是为园林中照明、动力用电所设的电力线或电力电缆。

1）低压电力缆线是园林内电力线的主要种类，电压一般为 380V/220V，主要采取电缆埋地方式敷设，也有架空敷设的。

2）中压电力线主要是电压为 380V、6kV 的动力配电线。

3）高压电力线常见有 10kV、35kV 和 110kV 等高压线，采取架空敷设形式从园林绿地附近或从园林绿地内部穿过。

（4）电信缆线。包括电话线、广播线、计算机局域网络线等。

（5）气体类管道。有园林内餐饮、温室加热用的蒸汽、热水管道等。

2. 管线的架空敷设

在园林绿地中，为了减少工程管线对园林景观的破坏作用，就应当尽量不采用架空敷设管线的方式。但在不影响风景的边缘地带或建筑群之中，为了节约工程费用，也可以酌情架空敷设。

（1）架空敷设管线的要求。

1）采取架空敷设的管线，一般都要立起支柱或支架将管线架离地面。

2）低压供电线路和电信线路就是采用电杆作支柱架空敷设的，其他一些管线则常常要设立支架进行敷设，如蒸汽管、压缩空气管等。

3）支架可用钢筋混凝土或铁件制作，要稳定、牢固、可靠。管线架离地面敷设时，架设高度要根据管线的安全性、经济性和视觉干扰性来确定。

4）管线架设不能过高，过高则会对园林空间景观形成破坏。架设高度也不能太低，太低则管线易受破坏，也容易造成人身安全事故。

（2）蒸汽管、热水管的架空敷设。一般要沿着园林边缘地带作低空架设，支架高 1m 左右。这种架设高度有利于在旁边配植灌木进行遮掩。

管道外表一般要包上厚厚的隔热材料，做成保温层。热力管道也可以利用围墙和隔墙墙顶作敷设依托，架设在墙上。管道架空敷设的费用要比埋地敷设低一些。

（3）弱电类的电信线路架空敷设。这类线路架空敷设比较自由，可用电杆架设。线路离地高 3～5m，电杆的间距可为 35～40m。

（4）低压电线的敷设。其敷设高度以两电杆之间电线下垂的最低点距绿化地面 5m 为准，人迹罕到的边缘地带可为 4m，电线底部距其下的树木至少 1m 远，电线两侧与树木、建筑等的水平净距至少也要有 1m。电杆的间距可取 30～50m。

（5）高压输电线路的敷设。视输送电压高低而设立高度不同的杆塔。35kV 和 110kV 的高压线，杆塔标准高度为 15.4m；220kV 的高压线，用铁塔敷设，铁塔标准高 23m。高压线与两旁建筑、树木之间的最小水平距离，35kV 电线是 6.5m，110kV 电线是 8.5m，220kV 电线则是 11.2m。高压线杆塔的间距，35kV 的为 150m，110kV 的为 200～300m。

3. 管线的埋地敷设

埋地敷设应是园林管线主要的敷设方式。在园林中，各种给水管、排水管、热力管等管道一般都敷设在地下；就是电力线和电信线，也常是采用铠装电缆直接埋入地下敷设。

（1）管线埋地敷设方式。根据管线之上覆土深度的不同，管线埋地敷设又可分为深埋和浅埋两种情况。深埋是指管道上的覆土深度大于 1.5m，浅埋是指覆土深度小于 1.5m。

管道采用深埋还是采用浅埋，主要决定于下述条件：管道中是否有水；是否怕受寒冷冻害；土壤冰冻线的深度如何。

（2）埋地深度的确定。我国北方的土壤冰冻线较深，给水、排水、湿煤气管等含有水分的管道就应当深埋；而热力管道、电缆及其管道则不受冰冻的影响，可浅埋。

第五章

水 景 工 程

第一节 静 态 水 体 施 工

一、水池常规施工

1. 刚性结构水池

刚性结构水池也称钢筋混凝土水池，池底和池壁均配钢筋，防漏性好、寿命长，一般用于面积较大的园林，一般施工工艺如下所述。

（1）钢筋混凝土水池底板的施工。

1）钢筋混凝土水池的底板坐落在坚实的地基土上，如果是松土、淤泥土、回填土，则应进行夯实处理，并且铺筑一层10～15cm的碎石，再夯实，然后浇灌混凝土垫层。

2）混凝土垫层浇完隔1～2天（应视施工时的温度而定），在垫层面测量确定底板中心，然后根据设计尺寸进行放线，定出底板的边线，画出钢筋布线，依线绑扎钢筋，接着安装底板外围的模板。

3）在绑扎钢筋时，应详细检查钢筋的直径、间距、位置、搭接长度、上下层钢筋的间距、保护层及预埋件的位置和数量，看其是否符合设计要求。上下层钢筋均应用铁撑（铁马凳）加以固定，使之在浇捣过程中不发生变化。

4）底板应一次连续浇筑完，不留施工缝。施工间歇时间不得超过混凝土的初凝时间。如混凝土在运输过程中产生初凝或离析现象，应在现场拌板上进行二次搅拌后方可入模浇捣。底板厚度在20cm以内，可采用平板振动器，20cm以上则采用插入式振动器。

5）池壁为现浇混凝土时，底板与池壁连接处的施工缝可留在基础上口20cm处。施工缝可留成台阶形、凹槽形、加金属止水片或橡胶止水带。

（2）钢筋混凝土水池池壁的施工。

1）做钢筋混凝土水池池壁时，应先立模板以固定之，池壁较厚时，内外模可在钢筋绑扎完毕后一次立好。浇捣混凝土时操作人员可站在模板外侧进行振捣，并应用串筒将混凝土灌入，分层浇捣。池壁拆模后，应将外露的止水螺栓头割去。

2）浇捣钢筋混凝土水池底板和池壁的混凝土均应采用抗渗混凝土，控制好坍落度，采用插入式振动器振捣，使混凝土密实。

3）固定模板用的铁丝和螺栓不宜直接穿过池壁。当螺栓或套管必须穿过池壁时，应采用止水措施。下面是常见的止水措施：螺栓上加焊止水环。止水环应满焊，环数应根据池壁厚度确定；套管上加焊止水环。在混凝土中预埋套管时，管外侧应加焊止水环，管中穿螺栓，拆模后将螺栓取出，套管内用膨胀水泥砂浆封堵；螺栓加堵头。支模时，在螺栓两边加堵头，拆模后，将螺栓沿平凹坑底割去，用膨胀水泥砂浆封塞严密。

4）在池壁混凝土浇筑前，应先将施工缝处的混凝土表面凿毛，清除浮粒和杂物，用水冲洗干净，保持湿润。再铺上一层厚 20～25mm 的水泥砂浆。水泥砂浆所用材料的灰砂比应是 1:1 较好。

5）浇筑池壁混凝土时，应连续施工，一次浇筑完毕，不留施工缝。

6）池壁有密集管群穿过、预埋件或钢筋稠密处浇筑混凝土有困难时，可采用相同抗渗等级的细石混凝土浇筑。

7）池壁混凝土浇捣后，应立即进行养护，并充分保持湿润，养护时间不得少于 14 个昼夜。拆模时池壁表面温度与周围气温的温差不得超过 15℃。

刚性材料水池做法如图 5-1～图 5-3 所示。

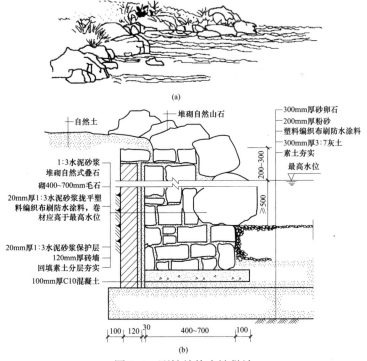

图5-1　刚性结构水池做法
（a）堆砌山石水池池壁（岸）处理；（b）堆砌的山石水池结构

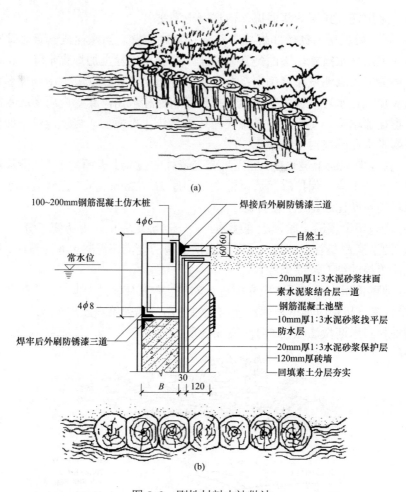

图 5–2　刚性材料水池做法

（a）混凝土仿木桩水池池壁（岸）处理；（b）混凝土仿木桩池岸平石

2. 柔性材料水池

柔性材料水池一般用于面积较小的园林，其结构做法，常规施工工序如下所述。

（1）放样。按设计图纸要求放出水池的位置、平面尺寸、池底标高对桩位。

（2）开挖基坑。一般可采用人工开挖，如水面较大也可采用机挖；为确保池底基土不受扰动破坏，机挖必须保留 200mm 厚度，由人工修整。需设置水生植物种植槽的，在放样时应明确，以防超挖而造成浪费；种植槽深度应视设计种植的水生植物特性决定。

（3）池底基层施工。在地基土条件极差（如淤泥层很深，难以全部清除）的条件下才有必要考虑采用刚性水池基层的做法。不做刚性基层时，可将原土夯实整平，然后在原土上回填 300～500mm 的黏性黄土压实，即可在其上铺设柔性防水材料。

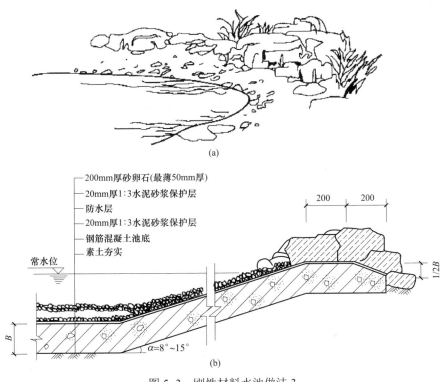

图 5-3　刚性材料水池做法 3
（a）混凝土铺底水池池壁（岸）处理；（b）混凝土铺底水池结构

　　（4）水池柔性材料的铺设。铺设时应从最低标高开始向高标高位置铺设；在基层面应先按照卷材宽度及搭接长度要求弹线，然后逐幅分割铺贴，搭接也要用专用胶粘剂涂满后压紧，防止出现毛细缝。卷材底空气必须排出，最后在每个搭接边再用专用自黏式封口条封闭。一般搭接边长边不得小于 80mm，短边不得小于 150mm。如采用膨润土复合防水垫，铺设方法和一般卷材类似，但卷材搭接处需满足搭接 200mm 以上，且搭接处按 0.4kg/m 铺设膨润土粉压边，防止渗漏产生。

　　（5）柔性水池完成后，为保护卷材不受冲刷破坏，一般需在面上铺压卵石或粗砂作保护。

　　柔性材料水池的结构如图 5-4～图 5-6 所示。

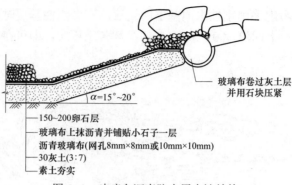

> 玻璃布卷过灰土层
> 并用石块压紧
>
> α=15°~20°
> ——150~200卵石层
> ——玻璃布上抹沥青并铺贴小石子一层
> ——沥青玻璃布(网孔8mm×8mm或10mm×10mm)
> ——30灰土(3:7)
> ——素土夯实

图5-4　玻璃布沥青防水层水池结构

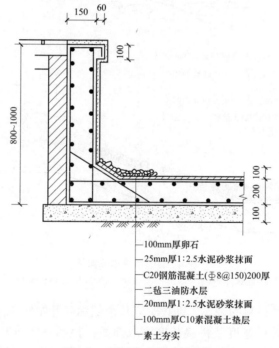

> ——100mm厚卵石
> ——25mm厚1:2.5水泥砂浆抹面
> ——C20钢筋混凝土(Φ8@150)200厚
> ——二毡三油防水层
> ——20mm厚1:2.5水泥砂浆抹面
> ——100mm厚C10素混凝土垫层
> ——素土夯实

图5-5　油毡防水层水池结构

3. 室外水池防冻处理

我国北方冰冻期较长，对于室外花园地下水池的防冻处理就显得十分重要。若为小型水池，一般是将池水排空，这样池壁受力状态是池壁顶部为自由端，池壁底部铰接（如砖墙池壁）或固接（如钢筋混凝土池壁）。空水池壁外侧受土层冻胀影响,池壁承受较大的冻胀推力,严重时会造成水池池壁产生水平裂缝或断裂。

冬季池壁防冻，可在池壁外侧采用排水性能较好的轻骨料如矿渣、焦渣或砂石等，并应解决地面排水，使池壁外回填土不发生冻胀情况，池底花管可解决池冰（沿纵向将积水排除）。

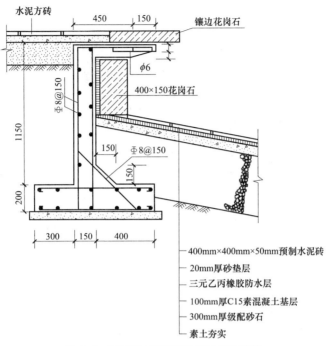

图 5-6 三元乙丙橡胶防水层水池结构

冬季，大型水池为了防止冻胀推裂池壁，可采取冬季池水不撤空，池中水面与池外地面相持平，使池水对池壁压力与冻胀推力相抵消。因此为了防止池面结冰、胀裂池壁，在寒冬季，应将池边冰层破开，使池子四周为不结冰的水面。

二、草池静水池施工案例

下面是××园林公司在给子公司设计周边园林安放净水池时候的施工案例。

1. 材料与工具准备

工具：喷漆；铁铲；弹性衬垫；水源和软管。鱼类：青蛙或蝌蚪。植物：深水植物；挺水植物；湿地植物；草地中的野生花卉种子；为鸟类提供食物和栖息地的灌木；喜湿遮阴树。

2. 营造环节

（1）挖池、铺衬、岸边置石。先用喷漆来确定水池的轮廓线，然后沿轮廓线向内侧挖掘。挖好之后，在其上铺设一层弹性衬垫，并用一些石料按次序沿轮廓线排列以形成池岸，其坡度和边缘处理坡度比例 1:3，如图 5-7 所示，然后往水池中注水。

（2）在地段不同的地方要种植不同植物。在小水池中可种植盆栽的荷花之类的深水植物，在大型水池中，则可直接将植物种植于池底土层里。在池岸边浅水处或湿地上，宜种植挺水植物。在池岸附近的潮湿地带，宜种植湿地植物。

坡度1∶3
3m
1m

图5-7　池岸边坡处理

（3）为了提供鸟类栖息场所与食物，可以在池边种植灌木丛，如偃伏株木、灰叶山茱萸和冬青等。

（4）栽植遮阴树。为了给水池遮蔽，使水温稳定，可在池边种植喜湿遮阴树，在池中养殖金鱼和青蛙，有助于消灭蚊子及其他害虫。

3. 植物种植

可以种点草地植物，这样可以抵抗强风和严寒。肥沃的种植灌木、一年生或多年生野生花卉能够郁郁葱葱地生长，形成一片绿毯。紫叶金光菊、雏菊以及蛇鞭菊可以吸引众多的蝴蝶，让景色变得更加美丽动人。还可以种植一些喜湿的本土植物、热带植物等。

三、浇筑池塘施工案例

下面是××房产有限公司在建筑别墅时所造浇筑池塘施工案例。

1. 安装

（1）模板、支撑。混凝土水池从根本上来说不过是一只粗糙的壳子，壳子表面再用光滑的防水剂加固而成。池边如果需要比较陡峭的坡度，这种水池就必须使用混凝土块料，或者用钢筋框架模型，如果水池边有舒缓的坡度，不妨将混凝土直接倒在准备好的土坑表面。

使用混凝土块料适合于制造抬高型水池。用钢筋框架造型包括使用一个钢筋框架制作成模具，然后将混凝土倒入模具中。这样做不仅耗时，而且造价昂贵。为了保持水池的最佳强度，水泥最好是在同一天浇灌。

（2）挖坑、装管。洞穴应当挖的足够大，这样可以为池墙和池基的厚度留出一定的余地。

小水池的最低限度为 10～15cm；中等水池的厚度应为 15～20cm，而大型水池应达到 20～25cm 的厚度。

洞穴的四周一定要夯实。如果土质过于松软，还应当在土中添加硬质材料。

按传统做法，通常还要在池基底部安装下水管道。但是这样做会将水池下的垫土冲掉，损伤水池的牢固度。

（3）选择施工季节。最好不要在过于寒冷或者炎热的季节浇筑水池。

如果在寒冷的冬期施工的话，冰冻会使抛光面断裂。在天气过于燥热的夏季，混凝土会因干得太快而失去强度。

如果水池大的话，最好是在当地有关部门订购商品混凝土，然后直接浇灌到预定地点。浇灌的混凝土中通常要添加一些加固材料，如钢筋等都可以使用。在添加这些材料时，应确保混凝土与金属间的黏合，而且还要将它们覆盖在混凝土下，离开外表至少 25mm 处。可以在水池的外边缘处用水泥钉加固，必须严格保持边缘的水平面。

（4）池壁防水处理。水池池壁表层的一层厚度大约在 12～25mm 的加固层。通常，加固层都和防水剂（呈粉状或者液态的添加剂）混合使用。应当注意遵循正确的实用比例，因为过多的添加剂有时会破坏混凝土的强度。

在混凝土的上层也可以添加塑料纤维。塑料纤维会使混凝土面更加结实，即使这层面料只有 6～10mm 厚。任何暴露于干燥的混凝土表面的纤维都可以用砂磨打掉或用火熔化。

2. 配制典型的混凝土配料

池墙和池基：一份水泥，二份砂子，二份 5～20mm 的石料。

防水加固层：一份水泥，三份砂子，适量防水剂。

地基：一份水泥，一份砂子，四份石料。

3. 混凝土和衬垫的结合

混凝土可以和衬垫配合使用，达到相得益彰的效果。衬垫为水池提供了防水保护膜，还可以使水池免受霜冻的损害，而混凝土可以作为水池的强有力支撑。将混凝土和衬垫配合使用会大大减少混凝土的用量。因为这种结合使得水池不再需要防水构造，微小的漏洞也不再会导致渗透现象。混凝土和衬垫的配合使用特别适用于抬高式水池。

四、水池边缘施工案例

下面是某人为了家里别墅的水池更加美观进行改造水池边缘的施工案例。

1. 铺装

（1）夯实地面、铺设碎石。在挖掘土穴的工程开始之前，先把周围的地面夯实。铺设的区域如果比池边缘宽一、两块石板的距离，还需要在地面铺设一层小碎石子儿。水池边缘本身也需要加固。考虑一下铺设的高度，最好不要超过周围的草皮。

（2）铺设砂浆、石板。在铺设衬砌式水池的边缘时，先将叠盖处整理出大约

15cm 的区域，然后再将石板铺放到土层里，用水泥浆砌结实。使用的石板如果大小不一，可以将大块的石料尽量放到人们可能要经常踩踏处，以减少铺设区域倾斜入水的危险。

石板应当向水池外稍微倾斜，以免下雨时将污水冲入水池。

石板应放在悬在池口大约 5cm，这样可以将衬料边遮盖住，保护它免受强烈日光的照射。

（3）水池边缘处理。在将石板围建到预塑式水池的边缘时，首先要确保石料的重量主要是落到周围的区域，而并非是在水池上。池边缘处过重的分量会将建池材料压翘，甚至压裂。

（4）池壁与边缘石板的交接处理。如果将石板直接砌到混凝土水池的边上，会使铺设面显得干净利落，但却会产生长期隐患。在寒冷的天气里，水池周围土壤中的水分结冰膨胀的程度不一，这会给池壁与边缘石板的交接处产生极大的压力。

为了避免对水池边缘的损害，可以考虑在连接处留一道缝隙。在将石板砌置到土层的水泥浆上之前，先在池壁上铺设几块聚乙烯衬料，尽可能地确保石料的重量主要是落到周围的区域。

2. 砌置砖头

（1）放射形排砖。最简单的砖头边缘就是在池边处砌置一圈呈放射形的砖头。一定要保证边缘处的水平面和足以支撑砖头重量的牢固度。

衬砌水池来说，如果希望水深不要漫过砖基，那么需要将衬垫折叠，只留出 8～10cm，然后用灰浆将砖头砌置于周围。

如果希望池水漫过砖壁，衬垫就要留大一些，将砖头砌置到衬垫上，使衬垫紧压在砖头下边，最后再将多余的衬垫剪去。

注意：如果地基不够结实，砖头就会松动，因为衬垫和灰浆不能紧密连接在一起。

（2）水泥砂浆砌砖。同样的方法也适用于预塑型水池的铺垫区域，也需确保石料的重量主要是落到水池周围区域，而不是在预塑水池上。

实际上，在水池与砖壁之间要想安置隔水层几乎是不可能的。因此水深一定不要超过水池边缘。可以直接将砖头用水泥砌到混凝土浇筑的水池边缘处，但是要记得在砖头以及其他任何固体之间留出防止膨胀的空隙。

3. 砌置墙壁

（1）地基。如果想在水池边缘建一圈围墙，必须先以厚约 10cm 混凝土柱环的形式建造合适的地基，在挖掘土穴之前，先在预先准备好的地基处垫上石子，然后浇灌上厚约 10～15cm 的混凝土。理想的柱环应当超过预期墙体的宽度至少 10cm。

（2）砌墙。一块砖长的厚度一般足够建造高约 60cm 的装饰墙体，尽管有的人将墙的厚度增加一倍，以确保其强度，这对于需要承受土与水的重量的承重墙来说不失为一项明智之举。

超过 60cm 高的墙就需要加固地基。围绕预塑型水池的墙体不要砌置在池边缘之上，除非边缘本身是建在很实在的混凝土地基上的。

4. 放置石头

（1）摆石。对随意型的水池来说，石头是一种不错的建造水池边缘的材料。石头很少与水处于同一个平面，水是被围在石头当中，而石头则错落于水上水下不同的层次。

重大的石头需要结实的地基以减少池壁倒塌的危险，应选择坚硬的岩石，去除那些在冬天容易开裂的质地松软的石头。

（2）支垫。为了保护衬砌水池免受损伤，在衬垫之间夹入聚酯层或者类似的垫子，然后再将石头安置到位。

用混凝土浆将松散的岩石固定到位，将衬垫置于石头后边。

用混凝土或泥土将土穴从衬垫后填好，还可以再在表面铺上砾石或鹅卵石。在修建边缘时，应留意别让雨水倒灌进水池。

（3）处理。如果采用的岩石总让人觉得太“新”，可以将牛奶或酸奶与青苔和地衣混合的涂料涂抹在岩石上，这会加速青苔和地衣层的生长。苔藓在处于半阴凉地的吸水性强的岩石上长得最好。

第二节　动态水景施工

一、水渠的修建实例

步骤：

（1）标出水渠位置并检查是否水平。

（2）用木棍和线标出计划中水渠的位置，检查线是否绷直，从各个角度观察整体效果。

（3）每隔 1.8m 敲入一对木棍，并在上面放置横跨水渠的木条，用水平仪在木条上和木条之间进行检查，保证所有的都是水平。

（4）挖掘并铺设混凝土砌块（边侧）和砂子（底部）。挖 23cm 深，同时考虑到选择的底衬材料，铺设 10cm 厚的砌块，并回填混凝土。

（5）捡出底部的石头与尖锐物体，铺一层 5cm 的砂子使底面水平。

（6）用砌块和砖修建水渠。在底面上放置柔性池塘衬垫和混凝土砌块，在砌块间抹上砂浆。

（7）建造一面砖、瓷砖或块石的墙，用掺了防水材料的砂浆加固。

（8）修一面墙并加上水泵。在较低的一端放置一台水泵以使水循环流动，将输水管从水渠的另一端连接到水泵上，把水泵用卵石和植物掩饰起来。如果水渠在一片开敞的草地上，就将水泵藏在草地的一个格子下。

（9）注意事项。水渠可以用来将其他景观从视觉上联系起来，水渠一侧茂密的植物使它的整体效果更柔和，但仍然保持了它的几何形状。小水渠可以用混凝土作为底衬。

首先给水渠铺上柔性池塘衬垫，然后采用肥皂洗过的木模板，再加一层 4cm 厚的混凝土，当混凝土干了以后，撤掉模板就能得到需要的形状。

二、溪流施工

1. 溪流的布置要点

（1）溪流的形态应根据环境条件、水量、流速、水深、水面宽和所用材料进行合理的设计。其平面应有自然曲折的变化和宽狭变化，其纵断面有陡缓不一和高低不等的变化。

（2）溪流的坡势依流势确定，一般急流处为 3% 左右，缓流处为 0.5%～1%。宽度通常在 1～2m，水深 5～10m。

（3）水流、水槽及沿岸的其他景物都应有一种节奏感，富于韵律的变化。可以交替采用缓流、急流、跌水、小瀑布、池等形式。

（4）溪中常布置有汀步、小桥、浅滩、点石等，沿水流安排时隐时现的小路。溪中宜栽种一些水生植物，两侧则可配置一些低矮的花灌木。

（5）溪的末端宜用一稍大的水池收尾。

（6）为美化景观，对于溪底可选用大卵石、砾石、风化石、平板石、料石等铺砌处理。

2. 溪流的材料与工具准备

绳子，帐篷桩子，木桩，细绳，细线，卷尺，铁铲或铁锹，木土水平仪，大石块，混凝土，手推车，锄头，水泥刀，40～50mm 的加固聚乙烯黑色软管，弹性衬垫，潜水泵。

3. 施工程序及其介绍

施工准备→溪道放线→溪槽挖掘→溪底施工→溪壁施工→管线安装→试水

（1）施工准备。施工准备的主要任务是进行现场踏勘，熟悉设计图纸，准备施工材料、施工机具、施工人员，对施工现场进行清理平整，接通水电，搭建必要的临时设施等。

（2）溪道放线。根据已确定的小溪设计图纸，用石灰、黄砂或绳子等在地面上勾画出小溪的轮廓，同时确定小溪循环用水的出水口和下游蓄水池间管线走向。然后在所画轮廓上定点打桩，并在弯道处加密打桩量。还需利用塑料水管水平仪等工具标注相应的设计高程，变坡点要做特殊标记。

（3）溪槽挖掘。小溪要按设计要求开挖，最好掘成 U 形坑。为方便安装散点石，溪道要求有足够的宽度和深度。值得注意的是，一般的溪流在落入下一段之前都应有至少增加 10cm 的水深，因此，为确保小溪的自然，挖溪道时每一段最前面的深度都要深些。溪道挖好后，必须将溪底基土夯实，溪壁拍实。如果溪底用混凝土结构，先在溪底铺 10～15cm 厚碎石层作为垫层。

（4）溪底施工。可根据实际情况选择混凝土结构和柔性结构。

1）混凝土结构溪底施工。混凝土结构溪底现浇混凝土 10～15cm 厚（北方地区可适当加厚），并用粗铁丝或钢筋加固混凝土。现浇需在一天内完成，且必须一次浇筑完毕。

2）柔性结构溪底施工。如果小溪较小，水又浅，溪基土质良好，可采用柔性结构。可直接在夯实的溪道上铺一层 2.5～5cm 厚的砂子，再将衬垫薄膜盖上。衬垫薄膜纵向的搭接长度不得小于 30cm，留于溪岸的宽度不得小于 20cm，并用砖、石等重物压紧，最后用水泥砂浆把石块直接粘在衬垫薄膜上。

（5）溪壁施工。溪岸可采用大卵石、砾石、瓷砖、石料与铺砌处理。和溪道底一样，为避免溪流渗漏，溪岸边必须设置防水层。如果小溪环境开朗，溪面宽、水浅，可将溪岸做成草坪护坡，且坡度尽量平缓。临水处用卵石封边即可。

（6）试水。溪流试水前应将溪道全面清洁并检查管路的安装情况。然后打开水源，注意观察水流及岸壁，如达到设计要求，即溪道施工合格。

三、瀑布的介绍及其施工

1. 瀑布的形式

瀑布的设计形式比较多，按不同的分类方式见表 5-1。

表 5-1　　　　　　　　　　　　　瀑 布 的 形 式

分类方式	瀑布形式	主 要 内 容
按瀑布跌落方式分类	直瀑	即直落瀑布。这种瀑布的水流是不间断地从高处直接落入其下的池、潭水面或石面。若落在石面，就会产生飞溅的水花并四散洒浇。直瀑的落水能够造成声响喧哗，可为园林环境增添动态水声
	分瀑	实际上是瀑布的分流形式，因此又叫分流瀑布。它是由一道瀑布的跌落过程中受到中间物阻挡一分为二，分成两道水流继续跌落。这种瀑布的水声效果也比较好
	跌瀑	也称跌落瀑布，是由很高的瀑布分为几跌，一跌一跌地向下落。跌瀑适宜布置在比较高的陡坡坡地，其水形变化较直瀑、分瀑都大一些，水景效果的变化也多一些，但水声要稍弱一点

分类方式	瀑布形式	主 要 内 容
按瀑布跌落方式分类	滑瀑	即滑落瀑布。其水流顺着一个很陡的倾斜坡面向下滑落。斜坡表面所使用的材料质地情况决定着滑瀑的水景形象。斜坡是光滑表面，则滑瀑如一层薄薄的透明纸，在阳光照射下显示出湿润感和水光的闪耀。坡面若是凸起点（或凹陷点）密布的表面，水层在滑落过程中就会激起许多水花，当阳光照射时，就像一面镶满银色珍珠的挂毯。斜坡面上的凸起点（或凹陷点）若做成有规律排列的图形纹样，则所激起的水花也可以形成相应的图形纹样
按瀑布口的设计形式来分	布瀑	瀑布的水像一片又宽又平的布一样飞落而下。瀑布口的形状设计为一条水平直线
	带瀑	从瀑布口落下的水流，组成一排水带整齐地落下。瀑布口设计为宽齿状，齿排列为直线，齿间距全部相等。齿间的小水口宽窄一致，都在一条水平线上
	线瀑	排线状的瀑布水流如同垂落的丝帘，这是线瀑的水景特色。线瀑的瀑布口形状设计为尖齿状。尖齿排列成一条直线，齿间的小水口呈尖底状。从一排尖底状小水口上部下的水，即呈细线形。随着瀑布水量增大，水线也会相应变粗

2. 瀑布布置要点

（1）必须有足够的水源。利用天然地形水位差，疏通水源，创造瀑布水景；或接通城市水管网用水泵循环供水来满足。

（2）瀑布的位置和造型应结合瀑布的形式、周边环境、创造意境及气氛综合考虑，选好合宜的视距。

（3）瀑布着重表现水的姿态、水声、水光，以水体的动态取得与环境的对比。

（4）水池平面轮廓多采用折线形式，便于与池中分布的瀑布池台协调。池壁高度宜小，最好采用沉床式或直接将水池置于低地中，有利于形成观赏瀑布的良好视距。

（5）为保证瀑布身效果，要求瀑布口平滑，可采用青铜或不锈钢制作。另外，增加缓冲池的水深，另在出水管处加挡水板。

（6）为防水花四溅，承水潭宽度应大于瀑布高度的 2/3。

（7）瀑布池台应有高低、长短、宽窄的变化，参差错落，使硬质景观和落水均有一种韵律的变化。

（8）应考虑游人近水、戏水的需要。为使池、瀑成为诱人的游乐场所，池中应设置汀步。

3. 小型瀑布的施工

××住宅小区门口建造的小型瀑布，下面是其施工过程。

（1）材料和工具准备。木工水平仪，木板，卷尺，绳子，铁铲或铁锹，水泥刀，纤维衬底，弹性衬垫，衬垫黏合剂，灰浆，各种大小和形状的石块，鹅卵石，软管和水源，黑色塑料薄膜，各种水泵和水管。

（2）施工程序。施工准备→定点放线→基坑（槽）挖掘→瀑道与承水潭施工→管线安装→扫尾→试水→验收。

（3）瀑布营造过程。

1）测落差定位置。在瀑布的顶端放置一块木板，然后将木工水平仪的一端放置在木板上，使其水平位于水池出水口上方，并测量水的垂直落差。

根据测量好的瀑布垂直落差，在确定瀑布级数之后，即可推算出每一级瀑布的落差，并在地上用绳子作好记号，以表示每级瀑布落水的位置。

2）挖掘水道水池。开一条水道，并在其前端垂直下挖。确保水池在各个方向均保持水平状态，并为要固定池壁的石块预留好相应的高度和宽度。此过程中应注意经常检查水池是否水平。

3）计算衬垫大小。测量水池最宽处和最长处的尺寸，以便计算衬垫的大小。保证衬垫足够大，使池底、池顶和池壁的衬垫各有60cm的重叠部分。

4）铺设衬底衬垫。将衬垫放入已挖好的水池中，在水池的进水口处和池壁留出衬垫的余量。

衬垫在转角处应顺着水流方向折叠，并用灰浆将瀑布垫层黏合在水池垫层上面。

注意两点：

第一点如遇不规则表面如石头表面，在铺设衬垫之前，需要先将一层纤维衬底铺在底下；

第二点是在给瀑布加衬垫前，先用夯实的素土或混凝土支撑和固定大石块，并将石块部分嵌入土中，使它们显得年代久远。

5）铺砌安装石块。从池底开始铺设石块，将石块铺在60mm厚的灰浆上，并用灰浆固定上下重叠的石块。将溢出石摆好，仔细检查其是否已经水平。

在合适的地方，用灰浆将剩下的石块固定好，并用鹅卵石覆盖暴露在外的灰浆。注意将溢出石头向前伸出，超出其下的基石3～5cm，以防止水沿着石壁回流。

6）覆膜养护调试。抹去石块上的灰浆，并在石块上轻轻地喷水，然后用黑色塑料薄膜覆盖住，用3～5天的时间让灰浆凝固。

开启水池中的水泵，将水通过水管送到瀑布顶端调节水流大小以达到预期设计效果。

（4）施工中应注意的问题。

1）无论自然式瀑布还是规则式瀑布，均应采取适当措施控制堰顶蓄水池供水管的水流速度。如在出水管口处加设挡水板或增加蓄水池深度等，以减少上游紊流对瀑身形态的干扰。

2）瀑布整个水流路线易出现渗漏，因此必须做好防渗漏处理。施工中凡瀑布流经的岩石缝隙应封严堵死，防止泥土冲刷至潭中，以保证结构安全和瀑布的景观效果。

3）瀑布落水口如处理马虎会影响瀑布效果。施工中要求堰口水平光滑。

（5）管线安装要点。瀑布工程中的管线均是隐蔽的，施工时要对管道、管件的质量进行严格检查，并严格按照有关施工操作规程进行施工。

1）钢管焊接连接应根据钢管的壁厚在对口处留一定的间隙，并按规范规定破口，不得有未焊透现象。镀锌钢管严禁焊接，配件不得用非镀锌管件代替。

2）各种供货应有出厂质保书，并按设计要求和质量标准采购、加工，质量必须合格。铸铁管道和管件不得有砂眼或裂缝，管壁厚薄要均匀。使用前再用观察、灌水或外壁冲水方法逐根检查。

3）穿越构筑物的管线必须采取相应的止水措施。管道安装前清除管内杂物，以防堵塞。预埋的管道务必做好管口封堵。

第三节　水体驳岸及护坡工程

一、小型水闸

1. 水闸的作用及分类

水闸是控制水流出入某段水体的水工构筑物，主要作用是蓄水和泄水，可设于园林水体的进水口和出水口。水闸按其专门使用的功能可分为节制闸、分水闸、进水闸。

（1）节制闸：设于水体出口，控制出水量。

（2）分水闸：在水体有支流而且需要控制支流水量的情况下设置。

（3）进水闸：设于水体的入口，起着联系水源、调节进水量的作用。

2. 闸址的选择

小型水闸地址选择时，必须明确进水闸的目的，了解设闸部位的地形、地质、水文等方面的基本情况，特别是原有和设计的各种水位与流速、流量等，先粗略提出闸址的大概位置，然后考虑以下几个因素，最终确定具体位置。

（1）闸孔轴心线与水流方向应相顺应。

（2）避免在水流急弯处建闸。

（3）选择地质条件均匀、承载力大致相同的地段。

3. 水闸的结构

小型水闸的结构自上至下可分为水闸上层建筑、闸的下层结构及地基。

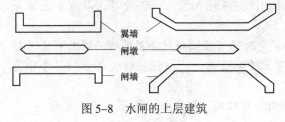

图 5-8　水闸的上层建筑

（1）水闸的上层建筑。水闸的上层建筑包括闸墙、翼墙、闸墩（图5-8）。

1）闸墙：亦称边墙，位于闸的两侧，构成水流范围，形成水槽并支撑岸土不坍。

2）翼墙：与闸墙相接的转头部分，使闸墙便于和上下游水渠边坡相衔接。

3）闸墩：分隔闸孔和安装闸门用，亦可支架工作桥及交通桥。

水闸除这些部分外，在水流入闸前应有拦污栅，在下游海漫后应有拦鱼栅。多用坚固的石材制造，也可用钢筋混凝土制成。

（2）闸的下层结构。为闸身与地基相联系部分即闸底。闸底的作用是承受由于上下游水位差造成跌水急流的冲力，减免由于上下游水位差造成的地基土壤管涌和经受渗流的浮托力。所以水闸底层结构要有一定厚度和长度的闸底。除闸底外，正规的水闸自上游至下游还包括铺盖、护坦和海漫三部分。

1）海漫。向下游与护坦相连接的透水层。水流在护坦上仅消耗了 70%的动能。其余水流动能造成对河底的破坏则靠海漫保护。海漫末端宜加宽、加深使水流动能分散。海漫一般用于砌块石，下游再抛石。

2）铺盖。是位于上游和闸底相衔接的不透水层。具有放水后使闸底上游部分减少水流冲刷、减少渗透流量和消耗部分渗透水流的水头的作用。铺盖常用浆砌块石、灰土或混凝土浇灌。铺盖长度约为上游水深数倍。

3）护坦。是下游与闸底相连接的不透水层，作用是减少闸后河床的冲刷和渗透。其厚度与跌水之闸底相同。视上下游水位差、水闸规模和材料而定。

（3）地基。为天然土层经处理加固而成。水闸基础部分必须保证在承受其上部全部压力后不发生超限度和不均匀的沉陷。

4. 水闸的施工程序

合理的安排水闸的施工程序，是加快施工进度的重要环节之一，一般水闸的施工程序大致如下：导流工程→基坑开挖→基础处理→混凝土工程→砌石工程→回填土工程→闸门与启闭机的安装→围堰或坝埝的拆除。

二、驳岸工程

1. 驳岸的形式

驳岸有许多种类和形式，建设在园林景观中的驳岸主要有：钢筋混凝土驳岸、块石驳岸（图 5-9）、生态驳岸其中包括草皮驳岸、木桩驳岸（图 5-10）、仿木桩驳岸、景石驳岸等。最常见的驳岸是块石驳岸。

2. 破坏驳岸的主要因素

驳岸可分为湖底以下地基部分、常水位至湖底部分、常水位与最高水位之间的部分和不受淹没的部分。

（1）湖底地基直接坐落在不透水的坚实地基上是最理想的。否则，由于湖底地基荷载强度与岸顶荷载不相适应而造成均匀或不均匀沉陷使驳岸出现纵向裂缝甚至局部塌陷；在冰冻地带湖水不深的情况下，由于冻胀引起地基变形；在地下水位高的地带，则因地下水的浮托力影响基础的稳定。

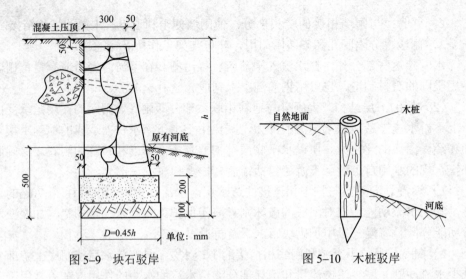

图 5-9　块石驳岸　　　　　　　图 5-10　木桩驳岸

（2）至于最高水位以上不被淹没的部分，主要是浪击、日晒和风化剥蚀。

（3）常水位至湖底部分处于常年被淹没状态。其主要破坏因素是湖水浸渗。在寒冷地区因为渗入驳岸内，冻胀后使驳岸断裂。湖面冰冻，冻胀力作用于常水位以下驳岸，使常水位以上的驳岸向水面方向位移。而岸边地面在冰冻时产生的冻胀力也将常水位以上驳岸向水面方向推动。岸的下部则向陆面位移这样便造成驳岸位移。常水位以下驳岸又是园内雨水管出水口，若安排不当，也会影响驳岸。

（4）水位至最高水位这部分驳岸则经受周期性淹没，随水位上下的变化也形成冲刷，如果不设驳岸，岸土便被冲落。如水位变化频繁，则也使驳岸受冲蚀破坏。

3. 常用材料

园林工程中常见的驳岸材料有花岗石、虎皮石、青石、浆砌块石、毛竹、钢筋、碎砖、碎混凝土块等。桩基材料有木桩、石桩、灰土桩和混凝土桩、竹桩、板桩等。

（1）竹桩、板桩。竹篱驳岸造价低廉，取材容易，如毛竹、大头竹等均可采用。

（2）灰土桩。适用于岸坡水淹频繁而木桩又容易腐蚀的地方。混凝土桩坚固耐久，但投资成本比木桩大。

（3）木桩。要求耐腐、耐湿、坚固、无虫蛀，如柏木、榆树、杉木等。桩木的规格取决于驳岸的要求和地基的土质情况，一般直径 10～15cm，长 1～2m，弯曲度（d/l）小于 1%。

4. 驳岸的结构

常见的驳岸由基础、墙身和压顶三部分组成（图 5-11）。

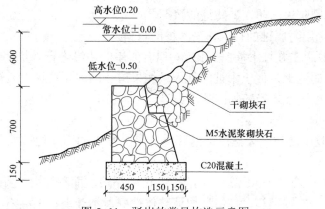

图 5-11 驳岸的常见构造示意图

5. 施工工序

（1）放线。根据常水位线，确定驳岸平面位置，并在基础尺寸两侧各加宽 20cm 放线。

（2）挖槽。可采用机械或人工开挖至规定位置线，宁大勿小。为保证施工安全，对需放坡的地段应根据规划进行放坡。

（3）夯实基础。将地基浮土夯实，用蛙式夯实机夯 3 遍以上。

（4）浇筑基础。一般用块石混凝土，浇筑时应将块石分隔，不得互相靠紧，也不得置于边缘。

（5）砌筑岸墙。要求岸墙墙面平整，砂浆饱满美观。隔 25～30m 做一条伸缩缝，宽 3cm 左右；每 2～4m 岸沿口下 1～2m 处预留池水孔一个。

（6）砌筑压顶石。可用大块整形石或预制混凝土板块压顶。顶石向水中挑出 5～6cm、高出水位 50cm 为宜。

6. 生态驳岸的施工方法

（1）草皮驳岸的施工。

1）河岸的坡度应在自然安息角以内，这样的河坡不会塌方，也可以把河坡做得较平坦些，对河坡上的泥土进行处理，或铺筑一层易使绿化种植成活的营养土，然后再铺筑草皮。

2）如果河岸较陡，那么可以在草皮铺筑时，用竹钉钉在草坡上，不使草皮下滑。在草皮养护一段时间后，草皮生长入土中，就完成了草皮驳岸的建设。

（2）木桩驳岸的施工。

1）木桩驳岸施工前，应先对木桩进行处理，比如：按设计图纸图示尺寸对木桩的一头进行切削成尖锥状，便于打入河岸的泥土中；或按河岸的标高和水平面的标高，计算出木桩的长度，再进行截料、削尖。

2）木桩入土前，还应在入土的一端涂刷防腐剂，比如沥青（水柏油）或对整根木桩进行涂刷防火、防腐、防蛀的溶剂。

3）最好选用耐腐蚀的杉木作为木桩的材料。

4）木桩驳岸在施打木桩前，还应对原有河岸的边缘进行修整，挖去一些泥土，修整原有河岸的泥土，便于木桩的打入。如果原有的河岸边缘土质较松，可能会塌方，那么还应进行适当的加固处理。

（3）沙滩驳岸的施工。

1）沙滩驳岸是仿照天然海滩的驳岸，是在平坦的河岸边坡播撒白色的砂石或卵石。

2）施工时，应先做河岸边坡的基层，因河岸边坡面积较大，因此，河岸边坡基层施工时，要放置钢筋，使河岸边坡整体性好，不开裂、不沉陷。其做法是：素土夯实→碎石垫层→素混凝土垫层→钢筋混凝土→面层白砂石或卵石。

3）因河岸坡面积较大，因此在基层施工时要设置变形缝，一般为 20～30m 设置一条，缝隙宽度为 2～3cm，采用沥青麻丝嵌缝。待面层铺筑白砂石或卵石后，即可遮去缝隙。

7. 质量验收

不同形式的驳岸有不同的质量要求，但是其相同的分项工程的质量要求是一致的，比如驳岸施工中的素土夯实，混凝土、钢筋混凝土、钢筋绑扎等分项工程的质量要求是相同的，都可参照相关的施工技术标准执行，可参照的标准有：

（1）《砌体结构工程施工质量验收规范》（GB 50203—2011）；

（2）《建筑地基基础工程施工质量验收规范》（GB 50202—2002）；

（3）《混凝土结构工程施工质量验收规范》（2010 版）（GB 50204—2002）；

（4）《建筑装饰装修工程质量验收规范》（GB 50210—2001）；

（5）《建筑地面工程施工质量验收规范》（GB 50209—2010）；

（6）《木结构工程施工质量验收规范》（GB 50206—2012）；

（7）《城镇供水与污水处理化验室技术规范》（CJJ/T 82—2014）。

对于木桩驳岸、仿木桩驳岸、草坡驳岸、卵石驳岸、景石驳岸、沙滩驳岸等，这些都是有较高艺术性的生态驳岸，施工质量要从两方面进行保证，首先对于结构部分要保证其安全及使用功能，对于装饰部分要从整体园林景观出发，亦要执行各地区的园林工程施工验收标准。如上海地区应执行《园林工程质量检验评定标准》（DG/TJ 08—701—2000）。

三、护坡工程

1. 护坡的类型

护坡的主要类型有预制框格护坡、园林绿地护坡、截水沟护坡、石钉护坡、块石护坡等。

（1）预制框格护坡。一般是用预制的混凝土框格，覆盖、固定在陡坡坡面，从而固定、保护了坡面；坡面上仍可种草种树。当坡面很高、坡度很大时，采用这种护坡方式的优点比较明显。所以，这种护坡最适于较高的道路边坡、水坝边坡、河堤边坡等的陡坡。

（2）园林绿地护坡。

1）草皮护坡。当岸壁坡角在自然安息角以内，水面上缓坡在1:20～1:5间起伏变化是很美的。这时水面以上部分可用草皮护坡，即在坡面种植草皮或草丛，利用密布土中的草根来固土，使土坡能够保持较大的坡度而不滑坡（图5-12）。

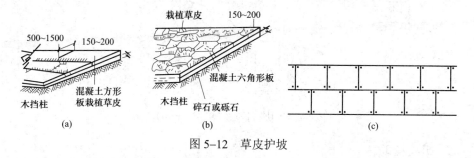

图5-12　草皮护坡

2）花坛式护坡。将园林坡地设计为倾斜的图案、文字类模纹花坛或其他花坛形式，既美化了坡地，又起到了护坡的作用（图5-13）。

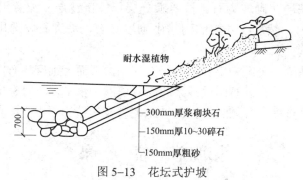

图5-13　花坛式护坡

（3）截水沟护坡。为了防止地表径流直接冲刷坡面，而在坡的上端设置一条小水沟，以阻截、汇集地表水，从而保护坡面。

（4）石钉护坡。在坡度较大的坡地上，用石钉均匀地钉入坡面，使坡面土壤的密实度增长，抗坍塌的能力也随之增强。

（5）块石护坡。在岸坡较陡、风浪较大的情况下，或因为造景的需要，在园林中常使用块石护坡。护坡的石料，最好选用石灰岩、砂岩、花岗岩等顽石。在寒冷的地区还要考虑其抗冻性（图5-14）。

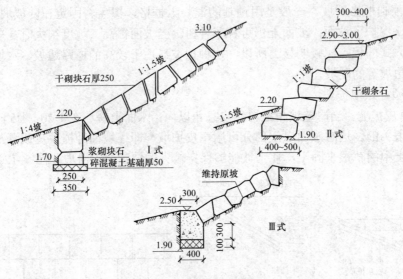

图 5-14　块石护坡（单位：mm）

2. 护坡施工

铺石护坡的施工步骤如下所述：

（1）开槽。坡岸地基经过平整后，按设计要求挖基础梯形槽，并夯实土基。

（2）铺倒滤层，砌坡脚石。按要求分层填筑倒滤层，注意沿坡应颗粒大小一致，厚度均匀，然后在开挖的沟槽中砌坡脚石，坡脚石宜选用大石块，并灌足砂浆。

（3）铺砌块石，补缝勾缝。从坡脚石起，由下而上铺砌块石，石块呈品字形排列，保持与坡面平行，石间用砂浆和碎石填满、垫平，不得有虚角（可让人在石面上行走来检查虚实），然后用 M7.5 水泥砂浆勾缝。

第四节　喷　　泉

一、喷泉的形式

1. 喷泉的划分

（1）按水池结构划分。

1）水旱喷泉：水位可升降控制，兼有水旱两种喷泉特点。

2）旱喷泉：喷泉水池隐蔽在地下，地面可供通行、游乐，停喷后地面可作其他用途。

3）水喷泉：喷泉水池敞露设置的喷泉。

（2）按设备移动性划分。

1）移动式喷泉。

2）固定式喷泉。

3）半移动式喷泉。

（3）按喷水高度划分。

1）垂直喷水高度在50m以上，称为超高喷泉。

2）垂直喷水高度在50m以内，称为普通喷泉。

3）垂直喷水高度达到100m及以上，称为百米喷泉。

（4）按设备投资、喷头数量、装机总功率可分为特小型、小型、中型、大型及特大型等数种。

（5）按控制方式划分：手控喷泉、程控喷泉、音乐喷泉、特空喷泉，如定时、光电、声响、感应、风速等控制。

2. 环境要求

布置喷泉首先考虑环境要求。喷泉对环境的要求见表5-2。

表5-2　　　　　　　　　喷泉对环境的要求

喷泉环境	喷泉设计
开朗空间（如广场、车站前公园入口、轴线交叉中心）	宜用规则式水池，水池宜人，喷水要高，水姿丰富，适当照明，铺装宜宽、规整，配盆花
半围合空间（如街道转角、多幢建筑物前）	多用长方形或流线型水池，喷水柱宜细，组合简洁，草坪烘托
特殊空间（如旅馆、饭店、展览会场、写字楼）	水池圆形、长形或流线型，水量宜大，喷水优美多彩，层次丰富，照明华丽，铺装精巧，常配雕塑
喧闹空间（如商厦、游乐中心、影剧院）	流线型水池，线型优美，喷水多姿多彩，水形丰富，音、色、姿结合，简洁明快，山石背景，雕塑衬托
幽静空间（如花园小水面、古典园林中、浪漫茶座）	自然式水池，山石点缀，铺装细巧，喷水朴素，充分利用水声，强调意境
庭院空间（如建筑中、后庭）	装饰性水池，圆形、半月形、流线型，喷水自由，可与雕塑、花台结合，池内养观赏鱼，水姿简洁，山石树花相间

3. 喷头的种类

常见的喷头形式见表5-3。

表5-3　　　　　　　　　喷头种类

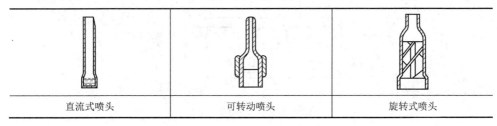

| 直流式喷头 | 可转动喷头 | 旋转式喷头 |

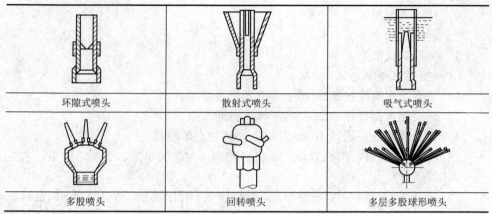

环隙式喷头	散射式喷头	吸气式喷头
多股喷头	回转喷头	多层多股球形喷头

4. 喷泉的供水方式

最常用的供水方式有直流式供水、水泵循环式供水和潜水泵供水。

（1）水泵循环供水。水泵循环供水形式如图 5-15，其特点是另设泵房和循环管道，水泵将池水吸入后经加压送入供水管道至水池中，水经喷头喷射后落入池内，经吸水管再重新吸入水泵，使水得以循环利用。

具有耗水量小，运行费用低，符合节约用水要求；在泵房内即可调控水形变化，操作方便，水压稳定的优点。但是系统复杂，占地大，造价高，管理麻烦。水泵循环供水适合于各种规模和形式的水景工程。

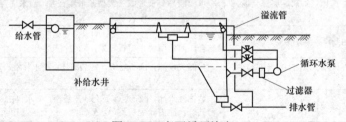

图 5-15　水泵循环给水

（2）潜水泵供水。潜水泵供水形式如图 5-16 所示。其特点是潜水泵安装在水池内与供水管道相连，水经喷头喷射后落入地内，直接吸入泵内循环利用。

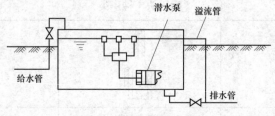

图 5-16　潜水泵循环供水

具有布置灵活，系统简单，占地小，造价低，管理容易，耗水量小，运行费用低，符合节约用水要求的优点。但是水形调整困难。潜水泵循环供水适合于中小型水景工程。

（3）直流式供水。直流式供水形式如图 5–17 所示。特点是自来水供水管直接接入喷水池内与喷头相接，给水喷射一次后即经溢流管排走。

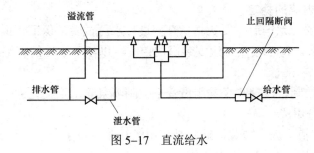

图 5–17　直流给水

具有供水系统简单，占地小，造价低，管理简单的优点。但是给水不能重复利用，耗水量大，运行费用高，不符合节约用水要求；同时由于供水管网水压不稳定，水形难以保证。直流式供水常与假山盆景结合，可做小型喷泉、孔流等，适合于小庭院、室内大厅和临时场所。

二、喷泉管道布置及控制方式

1. 喷泉管道布置要点

喷泉管网主要由输水管、配水管、补给水管、溢水管和泄水管组成。下面是其布置要点简述。

（1）喷水池由于内水的蒸发及在喷射过程中一部分水被风吹走等造成喷水池内水量的损失，因此，在水池中应设补给水管。补给水管和城市给水管连接。并在管上设浮球阀或液位继电器，以保证可以随时补充池内水量的损失以及水位稳定。

（2）在寒冷地区，为防止冬季冻害，所有管道均应有一定坡度。一般不小于0.02，以便冬季将管内的水全部排出。

（3）在小型喷泉中，管道可直接埋在土中。在大型喷泉中，如管道多而且复杂时，应将主要管道敷设在能通行人的渠道中，在喷泉的底座下设检查井。只有那些非主要的管道，才可直接敷设在结构塑物中，或置于水池内。

（4）对每个或每一组具有相同高度的射流，应有自己的调节设备。通常用阀门或整流圈来调节流量和水头。

（5）为了防止因降雨使池水上涨造成溢流，在池内应设溢水管，直通城市雨水井。并应有不小于 0.03 的坡度，在溢水口外应设拦污栅。

（6）为了便于清洗和在不使用的季节，把池水全部放完，水池底部应设泄水管，直通城市雨水井，亦可结合绿地喷灌或地面洒水，另行设计。

（7）为了保证喷泉获得等高的射流，喷泉配水管网多采用环形十字供水。

（8）连接喷头的水管不能有急剧的变化。如有变化，必须使水管管径逐渐由大变小，并且在喷头前必须有一段适当长度的直管。一般不小于喷头直径的 20～50 倍，以保持射流的稳定。

（9）管道安装完毕后，要认真检查并进行水压试验，保证管道安全，一切正常后在安装喷头。每个喷头都应安装阀门控制，以便于水性的调整。

2. 喷泉控制方式

（1）音响控制。声控喷泉是用声音来控制喷泉喷水形变化的一种自控泉，一般由以下几部分组成：

1）声电转换、放大装置，通常是由电子线路或数字电路、计算机等组成。

2）执行机构，通常使用电磁阀。

3）动力设备，即水泵。

4）其他设备，主要有管路、过滤器、喷头等组成。

（2）手阀控制。这是最常见和最简单的控制方式。在喷泉的供水管上安装手控调节阀，用来调节各管段中水的压力和流量，形成固定的喷水姿。

（3）程序控制。程序控制是利用时间继电器按照编好的时间程序控制水泵、电磁阀、彩色灯等的启闭，从而实现可以自动变换的喷水水姿，具有丰富的水形变化。

第六章

置 石 与 假 山

第一节　假山的材料及禁忌

一、假山的材料

造假山用的材料主要有湖石、黄石、青石、石笋及其他石品五类，见表 6-1。

表 6-1　　　　　　　　　　　山 石 的 种 类

分类	包　含				
湖石					
	太湖石	房山石	英石	灵璧石	宣石
黄石					
青石					
石笋					
	石笋	慧剑	钟乳石		

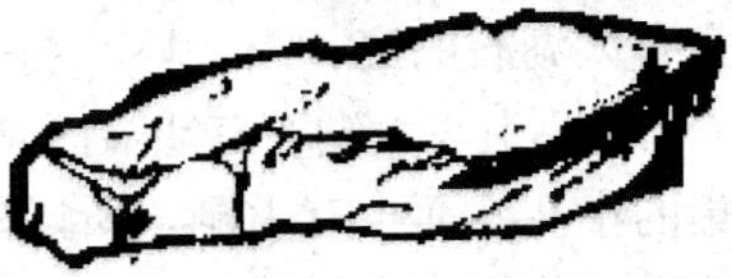

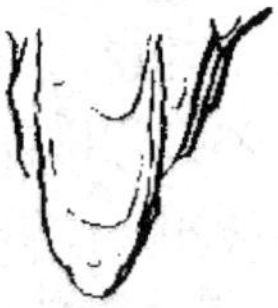

续表

分类	包　含	
其他	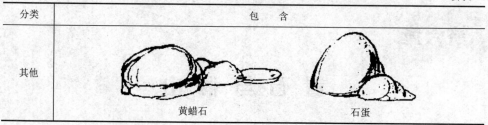	
	黄蜡石	石蛋

1. 湖石

湖石因原产太湖一带而得名。它是在江南园林中运用最为普遍的一种，也是历史上开发较早的一类山石。在我国分布较广，除太湖一带盛产外，北京、广东、江苏、山东、安徽等地均有出产。各地湖石只有在光泽、纹理和形态方面有些差别。

（1）太湖石。真正的太湖石原产于苏州所属太湖中的洞庭西山。色泽于浅灰中露白色，比较丰润、光洁，紧密的细粉砂质地，质坚而脆，纹理纵横脉络显隐。轮廓柔和圆润，婉约多变；石面环纹、曲线婉转回还，穴窝、孔眼、漏洞错杂其间，使石形变异极大。自然地形成沟、缝、穴、洞，有时窝洞相套，玲珑剔透，蔚为奇观，有如天然的雕塑品，观赏价值比较高。

太湖石为典型的传统供石，以造型取胜，"瘦、皱、漏、透"是其主要审美特征，多玲珑剔透、重峦叠嶂之姿。宜作园林石等。而把各地产的由岩溶作用形成的千姿百态、玲珑剔透的碳酸盐岩统称为广义的太湖石。

（2）象皮石。象皮石因其石面遍布细纹，好似大象的皮肤而得名。分布非常广泛，如北京、济南、桂林一带都有所产，其外形富于变化，青灰中有时还夹有细的白纹。

（3）房山石。房山石因产于北京房山而得名。新采者呈土红色、橘红色或更淡一些的土黄色，日久后表面略带些灰黑色。质地没有太湖石那样脆，有一定的韧性。由于房山石也具有太湖石的窝、沟、环、洞等变化，因此，也有人称之为北太湖石。其特征除了在颜色上与太湖石有明显区别之外，容重也比太湖石的大，扣之无共鸣声，多密集的小孔穴而少有大洞，所以外观比较沉实、浑厚和雄壮，这与太湖石的轻巧、清秀、玲珑形成鲜明的对比。

（4）英德石。英德石原产于广东省英德县一带，岭南园林中常用这种山石掇山，也常见于几案石品。其石质坚而脆，用手指弹扣有较响的共鸣声，淡青灰色，有的自脉笼络。这种山石多为中小形体，大块少见。由于色泽的差异，英石又可分为白英、灰英和黑英三种，一般以灰英居多，白英和黑英因物稀而为贵，如黑如墨、白如脂者为上品。因此，英德石多用作特置成散置。

2. 黄石

黄石的产地很多，苏州、常州、镇江等地皆有所产，其中以江苏常熟虞山质地为好。黄石是一种呈茶黄色的细砂岩，以其黄色而得名。质重、坚硬、形态浑厚沉实、拙重顽夯，且具有雄浑挺括之美。

采下的单块黄石多呈方形或长方墩状，少有极长或薄片状者。由于黄石节理接近于相互垂直，所形成的峰面具有棱角锋芒毕露，棱之两面具有明暗对比、立体感较强的特点，无论掇山、理水都能发挥出其石形的特色。

3. 青石

青石产自北京西郊一带，为一种青灰色的细砂岩。青石横向纹理显著，也有交叉互织的斜纹，形体呈片状。青石在北京运用较多，如圆明园武陵春色之桃花洞、北海的濠濮间和颐和园后湖某些局部均采用了青石。青石多用于假山和磴道。

4. 石笋

石笋是外形修长如竹笋的一类山石的总称。其产地颇广，园林中常作独立小景布置，多与竹类配置。常见的石笋有白果笋、乌炭笋、慧剑和钟乳石等几种。

（1）慧剑。慧剑是一种净面青灰色或灰青色的石笋，北京的假山师傅沿称其为慧剑。北京颐和园前山东腰数丈高的大石笋就是这样的慧剑。

（2）白果笋。白果笋是在青灰色的细砂岩中沉积了一些卵石，犹如银杏所产的白果嵌在石中而得名。北方则称之为子石或子母剑，剑喻其形，子即卵石，母为细砂岩。白果笋在我国园林中广泛运用，有人把头大而圆的称为虎头笋，头尖而小的称为凤头笋。

（3）乌炭笋。顾名思义，这是一种乌黑色的石笋，它比煤炭的颜色稍浅而少光泽。如用浅色景物作背景，乌炭笋的轮廓就更加清新，可收到较好的对比效果。

（4）钟乳石。钟乳石为石灰岩熔融而成，多为乳白色、乳黄色、土黄色等。将钟乳石倒置或正放用以点缀园景，如北京故宫御花园就是用这种石笋作特置小品。

5. 其他石品

园林假山石料除以上四类之外，还有石蛋、黄蜡石、松皮石、水秀石、木化石等其他石品。

（1）木化石。木化石古老质朴，常用作特置或对置。

（2）石蛋。石蛋即大卵石，产于河床之中，经流水的冲击和相互摩擦，磨支棱角而成。大卵石的石质有花岗石、砂岩、流纹岩等，颜色有白、蓝、红、绿、黄等。

这类石多用作园林的配景小品，如路边、草坪、水池旁等的石桌石凳；棕树、薄葵、芭蕉、海芋等植物处的石景。

（3）水秀石。水秀石颜色有黄白色、土黄色到红褐色，是石灰岩的砂泥碎屑，随着含有碳酸钙的地表水，被冲到低洼地或山崖下沉淀凝结而成。石质不硬，疏松多空，石内含有草根、苔藓、柘枝化石和树叶印痕等，易于雕琢。其石面形状有：纵横交错的树枝状、草秆化石状、杂骨状、粒状、蜂窝状等凹凸形状。

（4）黄蜡石。黄蜡石产于我国南方各地，具有蜡质光泽，圆光面形的墩状块石，也有呈条状的。此石以石形变化大而无破损、无灰砂，表面滑若凝脂、石质晶莹润泽者为上品。一般也多用作庭园石景小品，将墩、条配合使用，成为更富于变化的组合景观。

（5）松皮石。松皮石是一种暗土红且石质中杂有石灰岩的交织细片，石灰岩部分经长期熔融或人工处理后脱落成空洞块，外观像松树皮般斑驳突出。

二、假山造型禁忌

假山造型八大禁忌是：

（1）一禁杂乱无章。树有枝干，山有脉络，构成假山的所有山石都不要东倒西歪地杂乱布置，要按照一定的脉络关系相互结合成有机的整体，要在变化的山石景物中加强结构上的联系和统一。

（2）二禁"铜墙铁壁"。砌筑假山石壁，不得砌成像平整的墙面一样。山石之间的缝隙也不要全都填塞，不能做成密不透风的墙体状。

（3）三禁"鼠洞蚁穴"。假山做洞不可太小气。山洞太矮、太窄、太直，都不利于观赏和游览，也不能够让人得到真山洞的感受。这就是说，假山洞洞道的平均高度一般应在 1.9m 以上，平均宽度则应在 1.5m 以上。

（4）四禁对称居中。假山的布局不能在地块的正中，假山的主山、主峰也不要居于山系的中央位置。山头形状、小山在主山两侧的布置都不可呈对称状，要防止形成"笔架山"。在同一座山相背的两面山坡，其坡度陡缓不宜一样，应该一坡陡、一坡缓。

（5）五禁纹理不顺。假山、石景的石面皱纹线条要相互理顺。不同山石平行的纹理、放射状的纹理和弯曲的纹理都要相互协调、通顺地组合在一起。即使是石面纹理很乱的山石之间，也要尽可能使纹理保持平顺状态。

（6）六禁"堆叠罗汉"。假山石上下重叠，而又无前后左右的错落变化，则被称为"叠罗汉"。这种堆叠方式比较规整，如果是片石层叠，则如同叠饼状，在假山和石景造型中都是要尽可能避免的。

（7）七禁重心不稳。视觉上的重心不稳和结构上的重心不稳都要避免。前者会破坏假山构图的均衡，给观者造成心理威胁；后者则直接产生安全隐患，可能导致山体倒塌或人员伤害。但是，在石景的造型中也不能做得四平八稳，没有一点悬险感的石景往往缺乏生动性。

（8）八禁"刀山剑树"。相同形状、相同宽度的山峰不能重复排列过多，不能等距排列如刀山剑树般。山的宽度和位置安排要有变化，排列要有疏有密。

第二节 置石基本技巧

一、置石基础知识

置石用的山石材料较少，结构比较简单，对施工也没有很专门的要求，因此容易实现。学习掇山最好从置石开始，由简及繁。置石是以石材或仿石材布置成自然露岩景观的造景手法。为点缀风景园林空间，置石还可以结合它的挡土、护坡和作为种植床等实用功能。置石时要注意石身之形状和纹理，宜立则立，宜卧则卧、纹理和背向需要一致。其造石多半应选具有"透、漏、瘦、皱、丑"等特点的具有观赏性的石材。置石所用的山石，结构比较简单，施工也相对简单。

置石的形式有特置、散置、对置、群置等。

（1）特置。特置山石又称孤置山石、孤赏山石，也有称作峰石的。但特置的山石不一定能呈立峰的形式。特置山石大多由单块山石布置成为独立性的石景，常在园林中用作入门的障景和对景，或置视线集中的廊间、天井中间、漏窗后面、水边、路口或园路转折的地方。特置山石也可以和壁山、花台、岛屿、驳岸等结合使用。新型园林多结合花台、水池和草坪、花架来布置。特置好比单字书法或特写镜头，本身应具有比较完整的构图关系。特置山石可采用整形的基座，见图 6-1；也可以坐落在自然的山石上面，见图 6-2。这种自然的基座称为"磐"。

图 6-1 有基座的特置

图 6-2 坐落在自然山石上的特置

特置山石在工程结构方面要求稳定和耐久，关键在于掌握山石的重心线以保

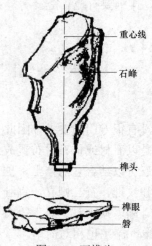

图6-3 石榫头

持山石的平衡。我国传统的做法是用石榫头稳定。如图6-3所示。榫头一般不用很长，大致十几厘米到二十几厘米，根据石之体量而定。但榫头要求争取比较大的直径，周围石边留有3cm左右即可。石榫头必须正好在重心线上。基磐上的榫眼比石榫的直径略大一点，但应该比石榫头的长度要深一点。这样可以避免因石榫头顶住榫眼底部而石榫头周边不能和基磐接触。吊装山石以前，只需在石榫眼中浇灌少量粘合材料，待石榫头插入时，粘合材料便自然地充满了空隙的地方。

特置的要求：

1）特置石应选择体量大、造型轮廓突出、色彩纹理奇特、颇有动势的山石。

2）特置石一般置于相对封闭的小空间，成为局部构图的中心。

3）石高与观赏距离一般介于（1:2）～（1:3）之间。例如石高3～6.5m，则观赏距离为8～18m，在这个距离内才能较好地品玩石的体态、质感、线条、纹理等。为使视线集中，造景突出，可使用框景等造景手法，或立石于空间中心使石位于各视线的交点上，或石后有背景衬托。

4）特置山石可采用整形的基座，也可以坐落于自然的山石面上，这种自然的基座称"磐"。带有整形基座的山石也称为台景石。台景石一般是石纹奇异、有很高欣赏价值的天然石。

（2）散置。散置是仿照山野岩石自然分布之状而施行点置的一种手法，亦称"散点"（图6-4、图6-5）。散置并非散乱随意点摆，而是断续相连的群体。有常理而无定势，只要组合得好就行。常常有高有低，有主有次，有断有续，疏密有致，有聚有散，曲折迂回，切不可众石分杂，零乱无章。

图6-4 散置山石

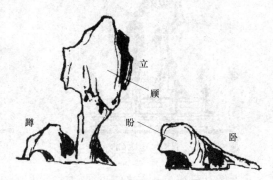

图6-5 散置

运用范围：散置的运用范围甚广，在土山的山麓、山坡、山头，在池畔水际，在溪涧河流中，在林下、在花径、在路旁均可以散点山石而得到意趣。

（3）对置。指沿建筑中轴线两侧作对称布置的山石，以两块山石为组合，相互呼应（图6-6）。

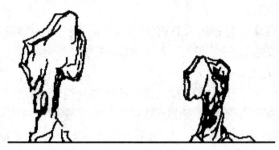

图6-6　对置

（4）群置。群置是指运用数块山石互相搭配点置，组成一个群体，群置的手法看气势，关键在于一个"活"。这类置石的材料要求可低于对置，但要组合有致（图6-7）。

群置常用于园门两侧、路旁、山坡上、小岛上、水池中或与其他景物合造景。群置的关键手法在于一个"活"字，布置时要求是石块大小不一，主从有别，宾主分明，搭配适宜，根据"三不等"原则进行配置，从而形成生动的自然石景。

群置山石还常与植物相结合，配置得体，则树、石掩映，妙趣横生，景观之美，足可入画（图6-8）。

图6-7　五石相配

图6-8　树石相配

二、置石施工

1. 施工过程

（1）选石。选石是置石施工中一项很重要的工作，下面是其施工要点：

1）选择具有原始意味的石材。这样的石头能显示出平实、沉着的感觉。

2）最佳的石料颜色是蓝绿色、棕褐色、紫色或红色等柔和的色调。白色缺乏趣味性，金属色彩容易使人分心，应避免使用。

3）选石无贵贱之分，应该"是石堪堆"。就地取材，有地方特色的石材最为可取。总之，在选石过程中，应首先熟知石性、石形、石色等石材特性，其次应准确把握置石的环境。

4）具有动物等象形的石头或具有特殊纹理的石头最为珍贵。

5）石形选择要选自然形态的，纯粹圆形或方形等几何形状的石头或经过机器打磨的石头均不为上品。

6）造景选石时无论石材的质量高低，石种必须统一，不然会使局部与整体不协调，导致总体效果不伦不类，杂乱不堪。

（2）置石吊运。选好石品后，按施工方案准备好吊装和运输设备，选好运输路线，并查看整条运输线路有否桥梁，桥梁能否满足运输荷载需要。在山石起吊点采用汽车起重机吊装时，要注意选择承重点，做到起重机的平衡。置石吊到车厢后，要用软质材料填充，山石上原有的泥土杂草不要清理。整个施工现场要注意工作安全。

（3）拼石。当所选到的山石不够高大，或石形的某一局部有重大缺陷时，就需要使用几块同种的山石拼合成一个足够高大的峰石。如果是由几块山石拼合成一块大石，则要严格选石，尽可能选接口处形状比较吻合的石材，并且在拼合中尤其要注意接缝严密和掩饰缝口，使拼合体完全成为一个整体。拼合成的山石形体仍要符合瘦、漏、透、皱的要求。如果只是高度不够，可按高差选到合适的石材，拼合到大石的底部，使大石增高。

（4）基座设置。基座可由砖石材料砌筑成规则形状，基座也可以采用稳固结实的墩状座石做成。座石半埋或全埋在地表，其顶面凿孔作为榫眼。

（5）吊装置石。置石吊装常用汽车起重机或葫芦吊，施工时，施工人员要及时分析山石主景面，定好方向，最好标出吊装方向，并预先摆置好起重机，保证起重机长臂能伸缩自如。吊装时要选派一人指挥，统一负责。当置石吊到预装位置后，要用起重机挂钩定石，不得用人定或支撑摆石定石。此时可填充块石，并浇注混凝土充满石缝。之后将铁索与挂钩移开，用双支或三支方式做好支撑保护，并在山石高度的 2 倍范围内设立安全标志，保养 7d 后方可开放。

置石的放置应力求平衡稳定，给人以宽松自然的感觉。石组中石头的最佳观赏面均应朝向主要的视线方向。

（6）修饰一组置石布局完成后，可利用一些植物和石刻来加以修饰，使之意境深邃，构图完整，充满诗情画意。但必须注意一个原则：尽可能减少过多的人工修饰。

2. 施工要点

（1）特置山石施工要点。特置山石布置的关键在于相石立意，山石体量与环境应协调。通过前置框景、背景衬托，以及利用植物弥补山石的缺陷等手法表现山石的艺术特征。

1）特置石应选择体量大、色彩纹理奇特、造型轮廓突出、颇有动势的山石。

2）特置石一般置于相对封闭的小空间，成为局部构图的中心。

3）石高与观赏距离一般介于（1:2）～（1:3）之间。在这个距离内才能较好地品玩石的体态、质感、纹理、线条等。

4）特置山石可采用整形的基座，也可以坐落在自然的山石面上，这种自然的基座称为磐。峰石要稳定、耐久，关键在于结构合理。传统立峰一般用石榫头固定。石榫头必须正好在峰石的重心线上，并且榫头周边与基磐接触以受力。榫头只定位，并不受力。安装峰石时，在榫眼中浇灌少量粘合材料（如纯水泥浆）。待石榫头插入时，粘合材料便可自然充满空隙。

（2）群置山石施工要点。布置时要主从有别，宾主分明，搭配适宜，根据"三不等"原则（即石之大小不等，石之间距不等，石之高低不等）进行配置。构成群置状态的石景，所用山石材料要求不高，只要是大小相间、高低不同、具有风化石面的同种岩石碎块即可。

（3）散置山石施工要点。

1）造景目的性要明确，格局严谨。

2）手法洗练，"寓浓于淡"，有聚有散，有断有续，主次分明。

3）高低曲折，顾盼呼应，疏密有致，层次丰富，散而有物，寸石生情。

3. 特置山石的施工方法

特置的施工程序为施工放线、挖槽、基础施工、安装磐石、立峰等（图6-9）。

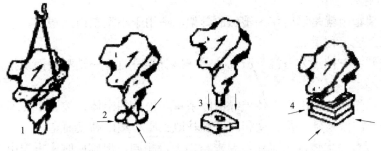

图6-9 置石施工做法

1—起吊移石；2—重心稳石；3、4—基座处理

（1）施工放线。根据设计图纸的位置与形状在地面上放出置石的外形轮廓。一般基础施工要比置石的外形要宽。

（2）挖槽。根据设计图纸来挖基槽的大小与深度。

（3）基础施工。特置的基础在现代的施工工艺中一般都是浇灌混凝土，至于砂石与水泥的混合比例关系、混凝土的基础厚度、所用钢筋的直径等，则要根据特置的高度、体积、重量和土层的情况来确定。

（4）安装磐石。安装磐石时既要使磐石安装稳定，又要使磐石的 1/3 保留在土壤中，这样就好像置石从土壤中生长出来。

（5）立峰。立峰时一定要把握好山石的重心稳定。在现场安装时要注意几点要求：

1）事先设计要搬运的路线。

2）掌握图纸做好定位。

3）石材安装必须牢固以免危害他人安全。

4）指派有实际经验的技术人员进行现场指挥，必须指派现场安全员。

5）搬动大型石材必须注意安全，现场要有安全员，检查搬运工具是否齐全。

第三节　塑山塑石基本技术

一、塑山、塑石工艺

塑山是用雕塑艺术的手法，以天然山岩为蓝本，人工塑造的假山或石块。塑山、塑石通常有两种做法：一是钢筋混凝土塑山；二是砖石混凝土塑山，也可以两者混合使用。百年前，我国就有传统的灰塑工艺。那些气势磅礴、富有力感的大型山水和巨大奇石与天然岩石相比，自重轻，施工灵活，受环境影响较小，可按理想预留种植穴。因此，塑山为设计创造了广阔的空间。

1. 砖骨架塑山

砖骨架塑山就是以砖作为塑山的骨架，适用于小型塑山及塑石。

施工工艺流程：

放样开线→挖土方→浇混凝土垫层→砖骨架→打底→造型→面层批荡及上色修饰→成形。

（1）首先在拟塑山石土体外缘清除杂草和松散的土体，按设计要求修饰土体，沿土体外开沟做基础，其宽度和深度视基地土质和塑山高度而定。

（2）接着沿土体向上砌砖，要求与挡土墙相同，但砌砖时应根据山体造型的需要而变化，如表现山岩的断层、节理和岩石表面的凹凸变化等。

（3）再在表面抹水泥砂浆，进行面层修饰。

（4）最后着色。石色水泥浆的配制方法主要有以下两种：

1）采用彩色水泥直接配制而成，如塑黄石假山时采用黄色水泥，塑红石假山则用红色水泥。此法简便易行，但色调过于呆板和生硬，且颜色种类有限。

2）在白水泥中掺加色料。此法可配成各种石色，且色调较为自然逼真，但技术要求较高，操作亦较为繁琐。以上两种配色方法，各地可因地制宜选用。色浆配合比见表6-2。

表6-2　　　　　　　　　　　色　浆　配　合　比　　　　　　　　（单位：kg）

仿色	白水泥	普通水泥	氧化铁黄	氧化铁红	硫酸钡	107胶	黑墨汁
黄石	100	—	5	0.5	—	适量	适量
红色山石	100	—	1	5	—	适量	适量
通用石色	70	30	—	—	—	适量	适量
白色山石	100	—	—	—	5	适量	—

2. 钢筋混凝土塑山

钢筋混凝土塑山也叫钢骨架塑山，以钢材作为塑山的骨架，适用于大型假山的塑造。

施工工艺流程如下：

放样开线→挖土方→浇混凝土垫层→焊接骨架→做分块钢架，铺设钢丝网→双面混凝土打底→造型→面层批荡及上色修饰→成形。

（1）基础。根据基地土壤的承载能力和山体的重量，经过计算确定其尺寸大小。通常的做法是根据山体底面的轮廓线，每隔4m做一根钢筋混凝土柱基。

（2）立钢骨架。包括浇筑钢筋混凝土柱子、焊接钢骨架、捆扎造型钢筋、盖钢板网等，其做法如图6-10所示。其中造型钢筋架和盖钢板网是塑山效果的关键之一，

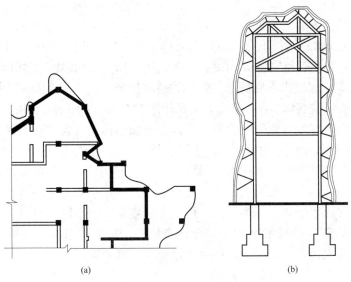

(a)　　　　　　　　　　　　　　　　(b)

图6-10　钢骨架示意图

（a）平面图；（b）刨面图

目的是为造型和挂泥之用。钢筋要根据山形做出自然凹凸的变化。盖钢板网时一定要与造型钢筋贴紧扎牢，不能有浮动现象。

（3）面层批塑。先打底，即在钢筋网上抹灰两遍，材料配比为水泥＋黄泥＋麻刀，其中水泥:砂为1:2，黄泥为总重量的10%，麻刀适量。水灰比1:0.4，以后各层不加黄泥和麻刀。砂浆拌和必须均匀，随用随拌，存放时间不宜超过1h，初凝后的砂浆不能继续使用。面层批塑构造如图6–11所示。

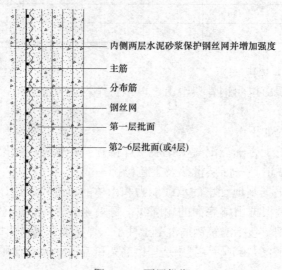

内侧两层水泥砂浆保护钢丝网并增加强度

主筋

分布筋

钢丝网

第一层批面

第2~6层批面(或4层)

图6–11　面层批塑

表面修饰主要有三方面的工作：

1）皴纹和质感修饰重点在山脚和山体中部。山脚应表现粗犷，有人为破坏、风化的痕迹，并多有植物生长。山腰部分一般在1.8～2.5m处，是修饰的重点，追求皴纹的真实，应做出不同的面，强化力感和棱角，以丰富造型。注意层次，色彩逼真。主要手法有印、拉、勒等。山顶一般在2.5m以上，施工时不必做得太细致，可将山顶轮廓线渐收同时色彩变浅，以增加山体的高大和真实感。

2）着色可直接用彩色酥制，此法简单易行，但色彩呆板。另一种方法是选用不同颜色的矿物颜料加白水泥再加适量的107胶配制而成，颜色要仿真，可以有适当的艺术夸张，色彩要明快，着色要有空气感，如上部着色略浅，纹理凹陷部色彩要深，常用手法有洒、弹、倒、甩。刷的效果一般不好。

3）光泽可在石的表面涂过氧树脂或有机硅，重点部位还可打蜡。还应注意青苔和滴水痕的表现，时间久了，还会自然地长出真的青苔。

（4）其他。主要包括以下两项：

1）种植池的大小应根据植物（含土球）总重量决定池的大小和配筋，并注意留排水孔。给排水管道最好塑山时预埋在混凝土中，做时一定要作防腐处理。在兽舍外塑山时，最好同时做水池，可便于兽舍降温和冲洗，并方便植物供水。

2）养护在水泥初凝后开始养护，要用麻袋片、草帘等材料覆盖，避免阳光直射，并每隔 2～3h 洒水一次。洒水时要注意轻淋，不能冲射。养护期不少于半个月，在气温低于 5℃时应停止洒水养护，采取防冻措施，如遮盖稻草、草帘、草包等。假山内部钢骨架、老掌筋等一切外露的金属均应涂防锈漆，并以后每年涂一次。

二、FRP 塑山施工

FRP 是玻璃纤维强化树脂的简称，FRP 是由不饱和聚酯树脂与玻璃纤维结合而成的一种重量轻、质地韧的复合材料。不饱和聚酯树脂由不饱和二元羧酸与一定量的饱和二元羧酸、多元醇缩聚而成。在缩聚反应结束后，趁热加入一定量的乙烯基单体配成黏稠的液体树脂，俗称玻璃钢。

1. 玻璃钢工艺的优缺点

这种工艺的优点在于成型速度快，薄、质轻，便于长途运输，可直接在工地施工，拼装速度快，制品具有良好的整体性。

存在的主要问题是树脂液与玻璃纤维的配比不易控制，对操作者的要求高，劳动条件差，树脂溶剂为易燃品，工厂制作过程中有毒和气味；玻璃钢在室外是强日照下，受紫外线的影响，易导致表面酥化，故此其寿命大约为 20～30 年。

2. FRP 塑山施工

FRP 塑山施工程序如下：

泥模制作→翻制模具→玻璃钢元件制作→模件运输→基础和钢骨架制作→玻璃钢→元件拼装→修补打磨→罩以玻璃钢油漆→成品。

（1）泥模制作。按设计要求足样制作泥模。一般在一定比例〔多用（1:15）～（1:20）〕的小样基础上制作。泥模制作应在临时搭设的大棚（规格可采用 50m×20m×10m）内进行。制作时要防止泥模脱落或冻裂。因此，温度过低时要注意保温，并在泥模上加盖塑料薄膜。

（2）翻制石膏。一般采用分割翻制，这主要是考虑翻模和今后运输的方便。分块的大小和数量根据塑山的体量来确定。其大小以人工能搬动为好。每块要按一定的顺序标注记号。

（3）玻璃钢制作。玻璃钢原料采用 191 号不饱和聚酯及固化体系，一层纤维表面毯和五层玻璃布，以聚乙烯醇水溶液为脱模剂。要求玻璃钢表面硬度大于 34，厚度 4cm，并在玻璃钢背面粘配 ϕ8mm 的钢筋。制作时注意预埋铁件以便于供安装固定之用。

（4）基础和钢框架制作。基础用钢筋混凝土，基础厚大于 80cm，双层双向

ϕ18mm 配筋，C20 预拌混凝土。框架柱梁可用槽钢焊接，柱距 1m×（1.5～2.0）m。必须保证整个框架的刚度与稳定。框架和基础用高强度螺栓固定。

（5）玻璃钢预制件拼装。根据预制大小及塑山高度先绘出分层安装剖面图和立面分块图，要求每升高 1～2m 就要绘一幅分层水平剖面图，并标注每一块预制件四个角的坐标位置与编号，对变化特殊之处要增加控制点。然后按顺序由下往上逐层拼装，做好临时固定。全部拼装完毕后，由钢框架伸出的角钢悬挑固定。

（6）打磨、油漆。接装完毕后，接缝处用同类玻璃钢补缝、修饰、打磨，使之浑然一体。最后用水清洗，罩以土黄色玻璃钢油漆即成。

三、GRC 假山造景

GRC 是玻璃纤维强化水泥，其基本概念是将一种含氧化锆（ZrO_2）的抗碱性玻璃纤维与低碱水泥砂浆混合固化后形成的一种高强的复合物，与传统水泥、玻璃钢造山相比，GRC 人造山具有自身重量轻、强度高、可塑性强、抗老化、耐腐蚀、易施工等特点，是目前理想的人造山石材料，又能完美再现天然山石的各种肌理与皱纹、充分发挥艺术家的想象力，以此为材料创作的山景或山水景称为 GRC 假山造景工程。

1. GRC 塑石的优点

（1）用 GRC 造假山石，石的造型、皱纹逼真，具岩石坚硬润泽的质感，模仿效果好。

（2）用 GRC 造假山石，材料自身质量轻，强度高，抗老化且耐水湿，易进行工厂化生产，施工方法简便、快捷、造价低，可在室内外及屋顶花园等处广泛使用。

（3）GRC 假山造型设计、施工工艺较好，可塑性大，在造型上需要特殊表现时可满足要求，加工成各种复杂形体，与植物、水景等配合，可使景观更富于变化和表现力。

（4）CRC 造假山可利用计算机进行辅助设计，结束过去假山工程无法做到石块定位设计的历史，使假山不仅在制作技术，而且在设计手段上取得了新突破。

（5）具有环保特点，可取代真石材，减少对天然矿产及林木的开采。

2. GRC 材料的基本技术性能

（1）物理性能。

密度：1.8～2.1t/m³。

潜变：变形小并随时间的增长而减小。

热膨胀系数：水泥与砂之比愈小，收缩量愈小。当含砂量 25%时最大收缩量 1.5mm/m。

渗透性：GRC 对水的渗透性低，约为 0.02～0.04mL/（m²·min）。

防火性：完全不燃烧。

热传导系数：均为 0.5～1W/（m·℃）。

（2）力学性能。

衡击强度：1.5～3kg/cm²。

压缩强度：60～100kg/cm²。

弯曲破坏强度：250～300kg/cm²。

表面张力：20～30kg/cm²。

抗张力极限强度：100～150kg/cm²。

GRC 假山造景工程施工前，应先制作 GRC 假山石的元件，元件应在加工场内加完成后，再运往现场进行拼装，按设计图纸或模型进行 GRC 塑假山造型工程的施工。

3. 假山元件的制作方法

GRC 假山元件的制作主要有两种方法：一为席状层积式手工生产法；二为喷吹式机械生产法。GRC 假山生产工艺流程如图 6-12 所示。下面就喷吹式工艺进行简要介绍。

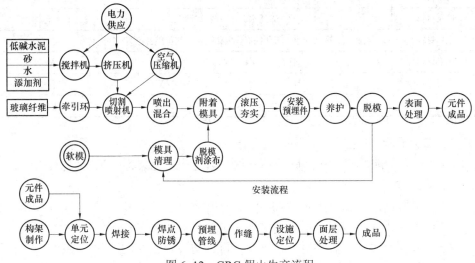

图 6-12 GRC 假山生产流程

（1）模具制作。根据生产"石材"的种类、模具使用的次数和野外工作条件等选择制模的材料。常用模具的材料可分为：软模，如橡胶模、聚氨酯模、硅模等；硬模，如钢模、铝模、GRC 模、FRP 模、石膏模等。制模时应以选择天然岩石皴纹好的部位为本和便于复制操作为条件，脱制模具。

（2）GRC 假山石块的制作。是将低碱水泥与一定规格的抗碱玻璃纤维同时均匀分散地喷射于模具中，凝固成型。在喷射时应随吹射随压实，并在适当的位置预埋铁件。

（3）GRC 的组装。将 GRC "石块" 元件按设计图进行假山的组装。焊接牢固，修饰、做缝，使其浑然一体。

（4）表面处理。主要是使 "石块" 表面具憎水性，产生防水效果，并具有真石的润泽感。

四、临时塑造山石

临时用塑石体量要求不大，耐用性要求也不高，量轻便于移动，因此往往应用于某些临时展览会、展销会、商场影剧院、节庆活动地等。

1. 主要施工工具与材料

主要施工工具与材料见表 6-3。

表 6-3 临时塑石施工工具与施工材料

项 目	材 料 名 称	用 途
框架材料	白泡沫、砖、板条、大块煤渣等	基础构架
胶粘材料	白水泥、普通水泥、白胶、骨胶	胶粘泡沫
上色材料	红墨水、碳素墨水、氧化铁红、氧化铁黄、红黄广告色等	配色
固定材料	竹签、回形针、细铁丝	加固构件
主要工具	小桶、灰批、羊毛刷、割纸刀、手排车等	制作用
其他	电吹风	快速风干

2. 工艺过程

设计绘图→泡沫修形→加固胶粘→抹灰填缝→上色装饰→晾干保护。

3. 施工方法

（1）根据设计意图，确定主景面，选择石体大小。

（2）将泡沫逐一修形，并正确对形，满意后可用固定件固定，注意编号。

（3）所有泡沫修形后，组合在一起，再次与设计立面图、效果图比较，直至符合要求为止。用细铁线加固定形，并在缝中加入胶粘剂。

（4）稍稳定后用白水泥浆（视置石需要色彩而定是用白水泥还是普通水泥）抹灰 3～5 遍，直至看不见泡沫为止。待干后（通常 3h，如果急用可用电吹风吹干），进入下道工序。

（5）按设计要求配好色彩，无论哪种色彩均要加入少量红墨水和黑墨水作为色彩稳定剂。上色时，用羊毛刷蘸色料后在离塑石构件 20～30cm 处用手或铁件轻弹毛刷，使色料均匀撒在石上。要求轻弹色满，色点分布均匀，不得有大块及

"流泪"现象。

（6）上完色后，应将置石置于室外（天气好）晾干。

4. 技巧点

（1）要熟悉园林常用置石的性状特点，如黄石、英石、湖石、黄蜡石等。

（2）泡沫修整时要与所塑石种相像。

（3）配色要认真细致，色彩饱满。

（4）弹色手轻、落点均匀。

第四节 假山堆砌施工

一、假山施工要求

假山施工具有再创造的特点。在大中型的假山工程中，为便于控制假山各部分的立面形象及尺寸关系，不仅要根据假山设计图进行定点放线，而且要根据所选用石材的形状、大小、颜色、皱纹等特点及相邻、相对、遥对、互映位置、石材的局部和整体效果，在细部的造型和技术处理上有所创造，有所发挥。小型的假山工程和石景工程，有时可不进行设计，而是在施工中临场发挥。

1. 施工准备

假山施工前，为确保山石吊运和施工人员安全，应根据假山的设计，确定石料，并运抵施工现场，根据山石的尺度、石形、山石皱纹、石态、石质、颜色选择石料，同时准备好水泥、石灰、砂石、钢丝、铁爬钉、银锭扣等辅助材料以及倒链、支架、铁吊架、铁扁担、桅杆、撬棒、卷扬机、起重机、绳索等施工工具，并应注意检查起重用具的安全性能。一般规定：

（1）施工前由设计单位提供完整的假山叠石工程施工图及必要的文字说明，进行设计交底。

（2）施工人员必须熟悉设计，明确要求，必要时应根据需要制作一定比例的假山模型小样，并审定确认。

（3）根据设计构思和造景要求对山石的质地、纹理、石色进行挑选，山石的块径、大小、色泽应符合设计要求和叠山需要。湖石形态宜"透、漏、皱、瘦"，其他种类山石形态宜"平、正、角、皱"。各种山石必须坚实，无损伤、裂痕，表面无剥落。特殊用途的山石可用墨笔编号标记。

（4）山石在装运过程中，应轻装、轻卸，有特殊用途的山石要用草包、木板围绑保护，防止磕碰损坏。

（5）根据施工条件备好吊装机具，做好堆料及搬运场地、道路的准备。吊具一般应配有吊车、叉车、吊链、绳索、卡具、撬棍、手推车、震捣器、搅拌机、灰浆桶、水桶、铁锹、抹子、柳叶抹、鸭嘴抹、笤帚等。

2. 假山石质量要求

假山叠石工程常用的自然山石，如太湖石、斧劈石、石笋石及其他各类山石的块面、大小、色泽应符合设计要求。孤赏石、峰石的造型和姿态，必须达到设计构思和艺术要求。选用的假山石必须坚实、无损伤、无裂痕，表面无剥落。

3. 假山石运输

假山石在装运过程中，应轻装、轻卸。对于特殊用途的假山石要轻吊、轻卸，如孤赏石、峰石、斧劈石、石笋等。在运输时，为防止损坏，还应用草包、草绳绑扎。假山石运到施工现场后，应进行检查，凡有损坏或裂缝的假山石不得作面掌石用。

4. 假山石造石

假山施工前，应进行造石。对于山石质地、纹理、石色按同类集中的原则进行清理、挑选、堆放，不宜混用。

5. 假山石清洗

施工前，必须对施工现场的假山石进行清洗，以除去山石表面积土、尘埃和杂物。

二、基础施工

假山施工第一阶段的程序，首先是定位与放线，其次是进行基础的施工，再次就是做山脚部分。山脚做好后才进入第二阶段，即山体、山顶的堆叠阶段。为了在施工程序上安排更合理，可将主山、客山和陪衬山的施工阶段交错安排。

1. 假山模型的制作

（1）熟悉设计图纸，图纸包括假山底层平面图、顶层平面图、立面图、剖面图及洞穴、结顶等大样图。

（2）选用适当的比例（1:20～1:50）大样平面图，确定假山范围及各山景的位置。

（3）制模材料可选用泥沙或石膏、橡皮泥、水泥砂浆及泡沫塑料等可塑材料。

（4）制作假山模型，主要体现山体的总体布局及山体的走向、山峰的位置、主次关系和沟壑洞穴、溪涧的走向，尽可能做到体量适宜、布局精巧，体现出设计的意图，为假山施工提供参考。

2. 假山定位与放线

（1）首先在假山平面设计图上按 5m×5m 或 10m×10m（小型的石假山也可用 2m×2m）的尺寸绘出方格网，在假山周围环境中找到可以作为定位依据的建筑边线、围墙边线或园路中心线，并标出方格网的定位尺寸。

（2）按照设计图方格网及其定位关系，将方格网放大到施工场地的地面。在假山占地面积不大的情况下，方格网可以直接用白灰画到地面；在占地面积较大的大型假山工程中，也可以用测量仪器将各方格交叉点测设到地面，并在点上钉下坐标桩。放线时，用几条细绳拉直连上各坐标桩，就可表示出地面的方格网。为了在基础工程完工后进行第二次放线的方便，应在纵横两个方向上设置龙门桩。龙门桩的做法可参见相关内容。

（3）以方格网放大法，用白灰将设计图中的山脚线在地面方格网中放大绘出，把假山基底的平面形状（也就是山石的堆砌范围）绘出在地面上。假山内有山洞的，也要按相同的方法在地面绘出山洞洞壁的边线。

（4）最后，依据地面的山脚线，向外取 50cm 宽度绘出一条与山脚线相平行的闭合曲线，这条闭合线就是基础的施工边线。

3. 基础的施工

假山基础施工可以不用开挖地基而直接将地基夯实后就做基础层，这样既可以减少土方工程量，又可以节约山石材料。当然，如果假山设计中要求了开挖基槽，就还是应挖了基槽再做基础（图 6-13）。

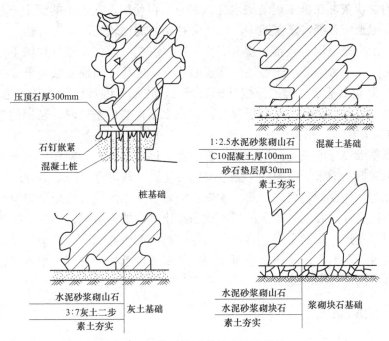

图 6-13　常见的四种基础结构做法

（1）基土面夯实。在做基础时，一般应先将地基土面夯实，然后再按设计摊铺和压实基础的各结构层，只有做桩基础可以不夯实地基，而直接打下基础桩。

（2）打桩基。桩木按梅花形排列。桩木相互的间距约为 20cm。桩木顶端可露出地面或湖底 10～30cm，其间用小块石嵌紧嵌平，再用平正的花岗石或其他石材铺一层在顶上，作为桩基的压顶石。或者，不用压顶石而用一步灰土平铺并夯实在桩基的顶面，做成灰土桩基也可以。混凝土桩基的做法和木桩桩基一样，也有在桩基顶上设压顶石与设灰土层的两种做法。

（3）浆砌块石基础。其块石基础的基槽宽度也和灰土基础一样，要比假山底面宽 50cm 左右。基槽地面夯实后，可用碎石、3:7 灰土或 1:3 水泥干砂铺在地面做一个垫层，垫层之上再做基础层。做基础用的块石应为棱角分明的、质地坚实的、有大有小的石材，一般用水泥砂浆砌筑。用水泥砂浆砌筑块石可采用浆砌与灌浆两种方法。浆砌就是用水泥砂浆挨个地拼砌，灌浆则是先将块石嵌紧铺装好，然后再用稀释的水泥砂浆倒在块石层上面，并促使其流动灌入块石的每条缝隙中。

（4）灰土基础。如果是灰土基础的施工，则要先开挖（也可不挖）基槽。基槽的开挖范围按地面绘出的基础施工边线确定，即应比假山山脚线宽 50cm。基槽一般挖深为 50～60cm。

基槽挖好后，将槽底地面夯实，再填铺灰土做基础。灰土基础所用石灰应选新出窑的块状灰，在施工现场浇水化成细灰后再使用。灰土中的泥土一般就地采用素土，泥土应整细，干湿适中，土质黏性稍强的比较好。

灰、土应充分混合，铺一层（一步）就要夯实一层，不能几层铺下后只作一层来夯实。顶层夯实后，一般还应将表面找平，使基础的顶面成为平整的表面。

（5）混凝土基础。首先挖掘基础的槽坑，挖掘范围按地面的基础施工边线，挖槽深度一般可按设计的基础层厚度，但在水下作假山基础时，基槽的顶面应低于水底 10cm 左右。基槽挖成后夯实底面，再按设计做好垫层。

按照基础设计所规定的配合比，将水泥、砂和卵石搅拌配制成混凝土，浇筑于基槽中并捣实铺平。待混凝土充分凝固硬化后，即可进行假山山脚的施工。

基础施工完成后，要进行第二次定位放线。第二次放线应依据布置在场地边缘的龙门桩进行，要在基础层的顶面重新绘出假山的山脚线。同时，还要在绘出的山脚平面图形中找到主峰、客山和其他陪衬山的中心点，并在地面做出标志。如果山内有山洞的，还要将山洞每个洞柱的中心位置找到并打下小木桩标出，以便于山脚和洞柱柱脚的施工。

三、山脚施工

假山山脚直接落在基础之上，是山体的起始部分，山脚是假山造型的根本，山脚的造型对山体部分有很大的影响。山脚施工的主要内容包括拉底、起脚和做脚等三部分。

1. 拉底

所谓拉底，就是在山脚线范围内砌筑第一层山石，即做出垫底的山石层。

（1）拉底的方式一般有周边拉底和满拉底两种。

1）周边拉底是先用山石在假山山脚沿线砌成一圈垫底石，再用乱石碎砖或泥土将石圈内全部填起来，压实后即成为垫底的假山底层。适合于基底面积较大的大型假山。

2）满拉底就是在山脚线的范围内用山石满铺一层。适宜规模较小、山底面积也较小的假山，或在北方冬季有冻胀破坏地方的假山。

（2）山脚线的处理也有以下两种处理方式：

1）埋脚是将山底周边垫底山石埋入土下约 20cm 深，可使整座假山仿佛像是从地下长出来的。在石边土中栽植花草后，假山与地面的结合就更加紧密，更加自然了。

2）露脚即在地面上直接做起山底边线的垫脚石圈，使整个假山就像是放在地上似的。这种方式可以减少一点山石用量和用工量，但假山的山脚效果稍差一些。

（3）拉底的施工要求。

1）拉底的边缘部分，要错落变化，使山脚线弯曲时有不同的半径，凹进时有不同的凹深和凹陷宽度，要防止山脚的平直和浑圆形状。

2）要注意选择适合的山石来做山底，不得用风化过度的松散的山石。

3）拉底的山石底部一定要垫平垫稳，保证不能摇动，以便于向上砌筑山体。

4）拉底的石与石之间要紧连互咬，紧密地扣合在一起。

5）山石之间还是要不规则地断续相间，有断有连。

2. 起脚

起脚是指在垫底的山石层上开始砌筑假山。由于起脚石直接作用于山体底部的垫脚石，因此要选择和垫脚石一样质地坚硬、形状安稳实在、少有空穴的山石材料，以确保能够承受山体的重压。

除了土山和带石土山之外，假山的起脚安排宜小不宜大，宜收不宜放。起脚一定要控制在地面山脚线的范围内，宁可向内收一点，也不能向突出于山脚线外、大于上部分准备拼叠造型的山体。即使因起脚太小而导致砌筑山体时的结构不稳，还可以通过补脚来加以弥补。如果起脚太大，砌筑山体时易造成山形臃肿、呆笨，没有一点险峻的态势，而且不容易补救。

起脚时，定点、摆线要准确。先选出山脚突出点所需的山石，并将其沿着山脚线先砌筑上，待多数主要的凸出点山石都砌筑好了，再选择和砌筑平直线、凹进线处所用的山石。这样，既保证了山脚线按照设计而成弯曲转折状，避免山脚平直的毛病，又使山脚突出部位具有最佳的形状和最好的皱纹，增加了山脚部分的景观效果。

3. 做脚

用山石砌筑成山脚即为做脚。它是在假山的上面部分山形山势大体施工完成以后，于紧贴起脚石外缘部分拼叠山脚，以弥补起脚造型不足的一种操作技法。

（1）山脚的造型。假山山脚的造型应与山体造型结合起来考虑，在做山脚的同时就要根据山体的造型采取相应的造型处理方法，使整个假山的形象浑然一体，山脚可以做成凹进脚、凸进脚、断连脚、承上脚、悬底脚、平板脚等形式见表6-4。

表6-4　　　　　　　　　　　　山脚的造型分类表

类别	内容	形式
凹进脚	山脚向山内凹进，随着凹进的深浅宽窄不同，脚坡做成直立、陡坡或缓坡都可以	
凸出脚	山脚向外凸出，其脚坡可做成直立状或坡度较大的陡坡状	
断连脚	山脚向外凸出，凸出的端部与山脚本体部分似断似连	
承上脚	山脚向外凸出，凸出部分对着其上方的山体悬垂部分，起着均衡上下重力和承托山顶下垂之势的作用	
悬底脚	局部地方的山脚底部做成低矮的悬空状，与其他非悬底山脚构成虚实对比，以增强山脚的变化。适用于在水边	
平板脚	片状、板状山石连续地平放山脚，做成如同山边小路一般的造型。平板脚可突出假山上下的横竖对比，使景观更为生动	

应当指出，不论采用何种造型做山脚，山脚在外观和结构上都应当是山体向下的延续部分，与山体是不可分割的整体。即使是采用断连脚、承上脚的造型，也要形断迹连，势断气连，在气势上连成一体。

（2）做脚的方法。山脚可以采用点脚法、连脚法和块面法三种做法如图 6–14 所示。

1）点脚法。主要运用于具有空透型山体的山脚造型。所谓点脚，就是先在山脚线处用山石做成相隔一定距离的点，点与点之上再用片状石或条状石盖上，这样，就可在山脚的一些局部造出小的洞穴，加强了假山的深厚感和灵秀感。

在做脚过程中，要注意点脚的相互错开和点与点间距离的变化，不要造成整齐的山脚形状。同时，也要考虑到脚与脚之间的距离与今后山体造型用石时的架、跨、券等造型相吻合、相适宜。点脚法除了直接作用于起脚空透的山体造型外，还常用于如桥、廊、亭、峰石等的起脚垫脚。

2）连脚法。就是做山脚的山石依据山脚的外轮廓变化，成曲线状起伏连接，使山脚具有连续、弯曲的线形。一般的假山都常用这种连续做脚方法处理山脚。采用这种山脚做法，主要应注意使做脚的山石以前错后移的方式呈现不规则的错落变化。

3）块面脚法。这种山脚也是连续的，但与连脚法不同的是，坡面脚要使做出的山脚线呈现大进大退的形象，山脚突出部分与凹陷部分各自的整体感都要很强，而不是连脚法那样小幅度的曲折变化。块面脚法一般用于起脚厚实、造型雄伟的大型山体。

山脚施工质量好坏对山体部分的造型有直接影响。山体的堆叠施工除了要受山脚质量的影响外，还要受山体结构形式和叠石手法等因素的影响。

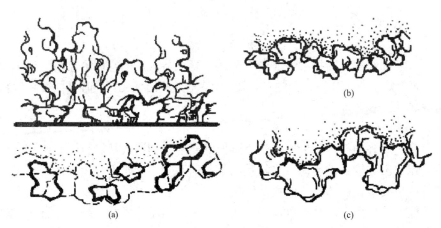

图 6–14　做脚的三种方法

（a）点脚法；（b）连脚法；（c）块面脚法

四、山体结构的基本形式

假山虽有峰、峦、洞、壑等各种组合单元的变化，但就山石相互之间的结合而言却可以概括为十多种基本的形式。这就是在假山师傅中有所流传的"字诀"。如北京的"山子张"张蔚庭老先生曾经总结过的"十字诀"即安、连、接、斗、挎、拼、悬、剑、卡、垂。此外，还有挑、飘、戗等。江南一带则流传九个字即叠、竖、垫、拼、挑、压、钩、挂、撑。两相比较，有些是共有的字，有些即使称呼不一样但实际上是一个内容。由此可见我国南北的匠师同出一源，一脉相承，大致是从江南流传到北方，并且互有交流。

1. 安

将一块山石平放在一块至几块山石之上的叠石方法就叫做"安"。这里的"安"字又有安稳的意思，即要求平放的山石要放稳，不能被摇动，石下不稳处要用刹石垫实刹紧。"安"的手法主要用在要求山脚空透或在石下需要做眼的地方。根据安石下面支承石的多少，这种技法又分为单安、双安、三安三种形式，如图 6-15 所示。

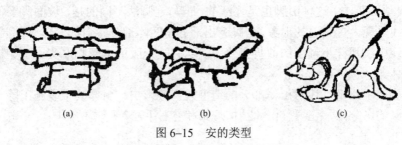

(a) (b) (c)

图 6-15　安的类型

（a）单安；（b）双安；（c）三安

2. 连

山石之间水平向衔接称为"连"。"连"要求从假山的空间形象和组合单元来安排，要"知上连上"，从而产生前后左右参差错落的变化，同时又要符合皴纹分布的规律（图 6-16）。

3. 接

山石之间竖向衔接称为"接"。"接"既要善于利用天然山石的茬口，又要善于补救茬口不够吻合的所在。最好是上下茬口互咬，同时不因相接而破坏了石的美感。接石要根据山体部位的主次依皴结合。一般情况下是竖纹和竖纹相接，横纹和横纹相接。但有时也可以以竖纹接横纹，形成相互间既有统一又有对比衬托的效果（图 6-17）。

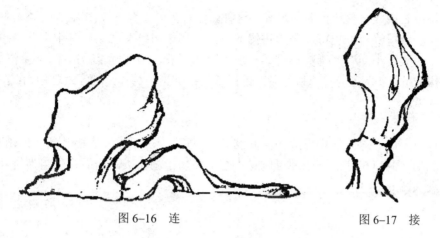

图 6-16 连   图 6-17 接

4. 斗

置石成向上拱状，两端架于两石之间，腾空而起。若自然岩石之环洞或下层崩落形成的孔洞。北京故宫乾隆花园第一进庭院东部偏北的石山上，可以明显地看到这种模拟自然的结体关系。一条山石蹬道从架空的谷间穿过，为游览增添了不少险峻的气氛（图 6-18）。

5. 拤

如山石某一侧面过于平滞，可以旁拤一石以全其美，称为"拤"。拤石可利用荏口咬压或土层镇压来稳定。必要时加钢丝绕定。钢丝要藏在石的凹纹中或用其他方法加以掩饰（图 6-19）。

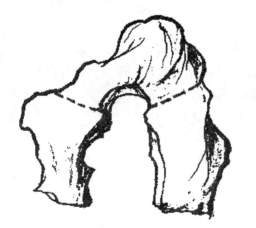

图 6-18 斗

图 6-19 拤

6. 拼

在比较大的空间里，因石材太小，单独安置会感到零碎时，可以将数块以至数十块山石拼成一整块山石的形象，这种做法称为"拼"。例如在缺少完整石材的地方需要特置峰石，也可以采用拼峰的办法。例如南京莫愁湖庭院中有两处拼峰特置，上大下小，有飞舞势，俨然一块完整的峰石，但实际上是数十块零碎的山石拼掇成的。实际上这个"拼"字也包括了其他类型的结体，但可以总称为"拼"（图6-20）。

7. 悬

在下层山石内倾环供环成的竖向洞口下，插进一块上大下小的长条形的山石。由于上端被洞口扣住，下端便可倒悬当空。多用于湖石类的山石模仿自然钟乳石的景观（图6-21）。

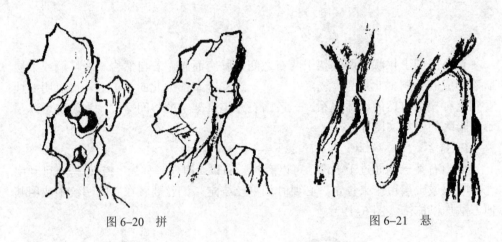

图6-20 拼　　　　　　　　　　图6-21 悬

8. 剑

以竖长形象取胜的山石直立如剑的做法。峭拔挺立，有刺破青天之势。多用于各种石笋或其他竖长的山石。北京西郊所产的青云片亦可剑立。现存海淀礼王府中之庭园以青石为剑，很富有独特的性格。立"剑"可以造成雄伟昂然的景象，也可以作成小巧秀丽的景象。因境出景，因石制宜。作为特置的剑石，其地下部分必须有足够的长度以保证稳定。一般石笋或立剑都宜自成独立的画面，不宜混杂于他种山石之中，否则很不自然。就造型而言，立剑要避免"排如炉烛花瓶，列似刀山剑树"，假山师傅立剑最忌"山、川、小"。即石形像这几个字那样对称排列就不会有好效果如图6-22所示。

9. 卡

下层由两块山石对峙形成上大下小的楔口，再于楔口中插入上大下小的山石，这样便正好卡于楔口中而自稳。"卡"的做法一般用在小型的假山中（图6-23）。

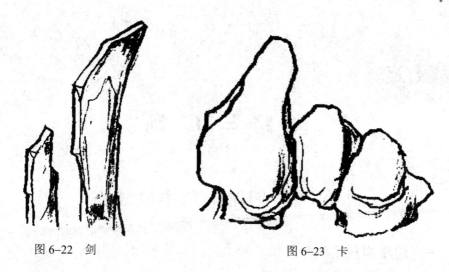

图 6-22　剑　　　　　　　　　　　　　图 6-23　卡

10. 垂

从一块山石顶面偏侧部位的企口处,用另一山石倒垂下来的做法称"垂"。"悬"和"垂"很容易混淆,但它们在结构上受力的关系是不同的(图 6-24)。

图 6-24　垂

第七章

园 路 与 广 场

第一节 园路的基本概述

一、园路的布局

1. 园路的布局形式

风景园林的道路系统不同于一般城市道路系统，有独特的布置形式和特点。常见的园路系统布局形式有条带式、树枝式和套环式三种形式。

（1）条带式园路系统如图 7-1 所示。

1）园路系统特征。这种布局形式的特点是：主园路呈条带状，始端和尽端各在一方，并不闭合成环。在主路的一侧或两侧，可以穿插一些次园路和浏览小道。次路和小路相互之间也可以局部闭合成环路，但主路不会闭合成环。条带式园路布局不能保证游人在游园中不走回头路。

2）适用范围。适用于林阴道、河滨公园等地形狭长的带状公共绿地中。

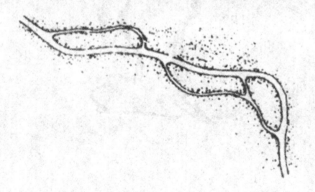

图 7-1　条带式园路

（2）树枝式园路系统如图 7-2 所示。

1）园路系统特征。以山谷、河谷地形为主的风景区和市郊公园，主园路一般只能布置在谷底，沿着河沟从下往上延伸。两侧山坡上的多处景点都是从主路上分出一些支路，甚至再分出一些小路加以连接。支路和小路多数只能是尽端式道路，游人到了景点游览之后，要原路返回到主路再向上行。这种道路系统的平面形状，就像是有许多分枝的树枝，游人走回头路的时候很多。

2）适用范围。这是游览性最差的一种园路布局形式，只适用于在受到地形限制时采用。

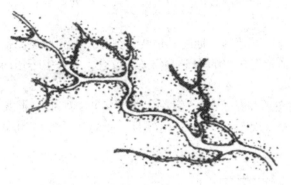

图7-2 树枝式园路

（3）套环式园路系统如图7-3所示。

1）园路系统特征。由主园路构成一个闭合的大型环路或一个"8"字形的双环路，再从主园路上分出很多的次园路和游览小道，并且相互穿插连接与闭合，构成另一些较小的环路。主园路、次园路和小路构成的环路之间的关系，是环环相套、互通互连的关系，其中少有尽端式道路。因此，这样的道路系统可以满足游人在游览中不走回头路的愿望。

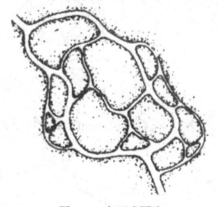

图7-3 套环式园路

2）适用范围。套环式园路是最能适应公共园林环境，也最为广泛应用的一种园路系统。但是，在地形狭长的园林绿地中，由于地形的限制，一般不宜采用这种园路布局形式

2. 施工要求

（1）两条自然式园路相交于一点，所形成的对角不宜相等。道路需要转换方向时，离原交叉点要有一定长度作为方向转变的过渡。如果两条直线道路相交时，可以正交，也可以斜交。为了美观实用，要求交叉在一点上，对角相等，这样就

显得自然和谐。

（2）在较短的距离内道路的一侧不宜出现两个或两个以上的道路交叉口，尽可能避免多条道路交接在一起。如果避免不了，则需在交接处形成一个广场。

（3）凡道路交叉所形成的大小角都宜采用弧线，每个转角要圆润。

（4）自然式道路在通向建筑物正面时，应逐渐与建筑物对齐并趋垂直，在顺向建筑物时，应与建筑物趋于平行。

（5）两条相反方向的曲线园路相遇时，在交接处要有较长距离的直线，切忌是 S 形。

（6）园路布局应随地形、地貌、地物而变化，做到自然流畅、美观协调。

（7）由主干道上发出来的次干道分叉的位置，宜在主干道凸出的位置处，这样就显得流畅自如（图 7-4）。

（8）两路相交所呈的角度一般不宜小于 60°。如果由于实际情况限制，角度太小，可以在交叉处设立一个三角绿地，使交叉所形成的尖角得以缓和（图 7-5）。

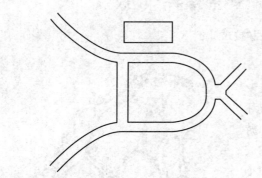 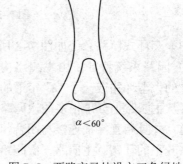

图 7-4　主干道上发出的次干道分叉的位置　　图 7-5　两路交叉处设立三角绿地

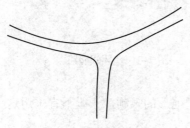

（9）如果三条园路相交在一起时，三条路的中心线应交汇于一点上，否则显得杂乱（图 7-6）。

图 7-6　三条园路交汇于一点

二、园路的结构

园路一般由路面、路基和附属工程组成，其中路面一共由面层、基层、结合层和垫层四个部分组成。

（1）园路的面层。面层是路面最上的一层。它直接承受人流、车辆的荷载和不良气候的影响，因此要求其坚固、平稳、耐磨，具有一定的粗糙度，少尘土，便于清扫，同时尽可能美观大方，和园林绿地景观融为一体。

面层材料的选择应遵循的原则：一是要满足园路的装饰性，体现地面景观效果；二是要求色彩和光线的柔和，防止反光；三是应与周围的地形、山石、植物相配合。

（2）园路的基层。基层在路基之上，主要起承重作用，它一方面承受由面层传下来的荷载，一方面把荷载传给路基。由于基层不外露，不直接造景，不直接承受车辆、人为及气候条件等因素的影响，因此需要满足下方的要求：

1）就地取材的原则。基层是路面结构层中最大的一部分，同时对材料的要求很低，一般用碎（砾）石、灰土或各种矿物废渣等即可，可就地取材来满足设计施工要求。

2）满足路面荷载的原则。基层起着支撑层面的荷载并将其传向路基的作用，因此在材料的选择与厚度等方面一定要满足荷载要求。

3）依据气候特点及土壤类型而变的原则。由于不同土壤的坚实度不同，以及不同地区气候特点，尤其是降雨及冰冻情况不同，这些都决定了对基层的设计选择要求。

4）经济实用的原则。在满足各项技术设计要求的前提下节省资金。

园路的基层材料选择见表 7–1。

表 7–1 基 层 材 料 选 择

种 类		要 求
自然土基层		在冰冻不严重、基土坚实、排水良好的地区，铺筑游步道时，只要把路基稍做平整，就可以铺砖修路
灰土基层		它是由一定比例的白灰和土拌和后压实而成，使用较广，具有一定的强度和稳定性，不易透水，后期强度接近刚性物质。在一般情况下使用一步灰土（压实后为 15cm），在交通量较大或地下水位较高的地区，可采用压实后为 20~25cm 二步灰土
隔温材料基层	砂石基层	据研究，砂石的含水量少，导温率大，故该结构的冰冻深度大，如用砂石做基层，需要做得较厚，不经济
	石灰土基层	石灰土的冰冻深度与土壤相同，石灰土结构的冻胀量仅次于亚黏土，说明密度不足的石灰土（压实密度小于 85%）不能有效防止冻胀，一般用于无冰冻区或冰冻不严重的地区
	煤、矿渣石灰土基层	用 7:1:2 的煤渣、石灰、土混合料，隔温性较好，冰冻深度最小，在地下水位较高时，能有效防止冻胀

（3）园路的结合层。结合层是指在采用块料铺筑面层时，面层和基层之间的一层。结合层的主要作用是结合面层和基层，同时起到找平的作用，一般用 3~5cm 粗砂、水泥砂浆或白灰砂浆即可。

结合层的材料选择见表 7–2。

表 7-2 结合层材料选择

种 类	要 求
混合砂浆	由水泥、白灰、砂组成，强度高，黏性、整体性好，适合铺块料面层，但造价高
白灰干砂	施工操作简单，遇水自动凝结。由于白灰体积膨胀，密实性好，是一种比较好的结合层
净干砂	施工简单，造价低廉，但最大的缺点是沙子遇水会流失，造成结合层不平整，下雨时面层以下积水，行人行走时往往挤出泥浆，使行人不便，现在应用较少

（4）园路的路基。路基的作用是路面的基础，它为园路提供一个平整的基面，承受由路面传下来的荷载，并确保路面有足够的强度和稳定性。如果土基的稳定性不良，应采取措施，以确保路面的使用寿命。

路基设计施工在园路中相对简单，在具体设计时应因地制宜，一般有几种设计类型。

对于未压实的下层填土，经过雨季被水浸润后，能使其自身沉陷稳定，其堆密度为 $180g/cm^3$，可以用于路基。一般黏土或砂性土不开挖则用蛙式夯夯实三遍，如果无特殊要求，就可以直接作路基。在严寒、湿冻地区，一般宜采用 1:9 或 2:8 的灰土加固路基，其厚度通常为 15cm。

（5）园路的附属工程。

1）道牙。

① 道牙的作用。道牙是安置在路面两侧的园路附属工程。它使路面与路肩在高程上衔接起来，起到保护路面、便于排水、标志行车道、避免道路横向伸展的作用，同时，作为控制路面排水的阻挡物，还可以对行人和路边设施起到保护作用。道牙的设计不能只看作是满足特定工程方面的要求，而应全面考虑周围绿地及铺装的特色，综合选择材料进行道牙的设计。对每一个给定的道牙设计任务，应当综合考虑这几个方面：保护路面边缘和维持各铺砌层、标志和保护边界、标志不同路面材料之间的拼接、形成结构缝以及起集水和控制车流作用、具有装饰作用。

② 道牙的结构形式。道牙是路缘石的俗称，是分隔道路与绿地的设施，一般分为平道牙（图 7-7）和立道牙（图 7-8），现在又出现了弧形道牙，是将二者结合在一起的一种结构形式。

③ 道牙类型及施工。园林中园路道牙的类型多种多样，一般有几种类型：

a. 砖砌道牙。砖砌道牙有两种形式：一种是用砖砌成外涂水泥砂浆面层，这种道牙一般在冬季不结冰、无冻结的地方较适用；另一种是直接用砖砌成不同花纹形式的道牙，多用于自然式园林小路，形式多样。

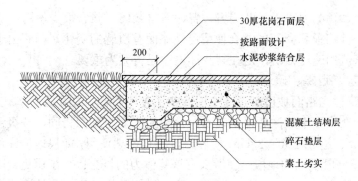

图 7-7 平道牙剖面图

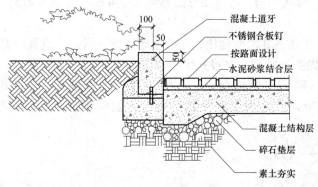

图 7-8 立道牙剖面图

　　b. 瓦、大卵石道牙。这类道牙主要用于自然式园林中，能起到很好的造景作用，也能因地制宜、就地取材。

　　c. 预制混凝土道牙。这种道牙结实耐用、整齐美观，一般在主要园路及规则式园林中的次要园路中应用较多，并且以立道牙为主。

　　2）明沟和雨水井。明沟和雨水井是为收集路面雨水而建的构筑物，在园林中常用砖块砌成。明沟一般多用于平道牙的路肩外侧，而雨水井则主要用于立道牙的道牙内侧。

　　① 作用及设置要点。建筑前场地或者道路表面（无论是平面还是斜面）的排水均需要使用排水边沟。排水边沟的宽度必须与水沟的栅板宽度相对应。排水沟同样可以用于普通道和车行道旁，为道路设计提供一个富有趣味性的设计点，并能为道路建立独有的风格。

　　这种设计方法在许多受保护的老建筑区域内可以看到。排水边沟应成为路面铺设模式的组成部分之一，当水沿路面流动时它可以作为路的边缘装饰。

　　② 类型及材料。排水沟可采用盘形剖面或平底剖面。并可采用多种材料，例如

现浇混凝土、预制混凝土、花岗岩、普通石材或砖。砂岩很少使用。

花岗岩铺路板和卵石的混合使用可使路面有质感的变化，卵石由于其粗糙的表面会使水流的速度减缓，这在某些环境中显得尤为重要。

3）台阶、礓礤、磴道。

① 台阶。当路面坡度超过 12°时，为了便于行走，在不通行车辆的路段上，可设台阶。在设计中应注意以下几点：台阶的宽度与路面相同，每级台阶的高度为 12～17cm、宽度为 30～38cm；一般台阶不宜连续使用，如果地形许可，每 10～18 级后应设一段平坦的地段，使游人有恢复体力的机会；为了避免台阶积水、结冰，每级台阶应有 1%～2%的向下的坡度，以便于排水；台阶的造型及材料可以结合造景的需要，如利用天然山石、预制混凝土做成仿木桩、树桩等各种形式，装饰园景。为了夸张山势，造成高耸的感觉，台阶的高度也可增至 15cm 以上，以增加趣味。

② 磴道。在地形陡峭的地段，可结合地形或利用露岩设置磴道，当其纵坡大于 60%时，应做防滑处理，并设扶手护栏等。

③ 礓礤。礓礤又叫慢道路，在坡度较大的地段上，一般纵坡大于 15%时，本应设台阶，但是为了车辆通行而设置的锯齿形坡道，其形式和尺寸如图 7-9 所示。

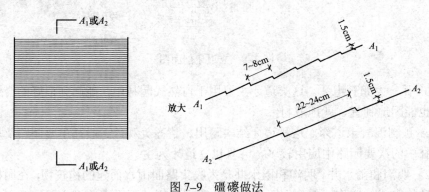

图 7-9　礓礤做法

4）边条。边条用于较轻的荷载处，且尺寸较小，特别适用于步行槽、草地或铺砌场地的边界。

施工时应减轻它作为垂直阻拦物的效果，增加它对地基的密封深度。边条铺砌的深度相对于地面应尽可能低些。槽块分凹面槽和空心槽块。为利于地面排水，一般紧靠道牙设置，路面应稍高于槽块。

5）种植池在路边或广场上栽种植物，一般应留种植池。种植池的大小应按所栽植物的要求而定，栽种高大乔木的种植池应设保护栅。

第二节 园路工程基本施工

一、园路施工准备

园路施工是园林总平面施工的组成部分。园路施工的重点在于控制好施工面的高程，并注意与园林其他设施的有关高程相协调。

1. 施工准备

（1）实地勘察。通过实地勘察，熟悉设计场地及周围的情况，对园路、铺地的客观环境进行全面的认识，勘察时应注意几点：

1）了解基地现场的地形、地貌情况，并校对图纸。

2）了解基地的土壤、地质情况，地下水位、地表积水情况及原因和范围，基地内原有建筑物、道路、河池及植物种植情况，要特别注意保护大树和名贵树木。

3）了解地下管线的分布情况，园外道路的宽度及场地出入口处园外道路的标高。

（2）熟悉设计文件。施工前，为方便编制施工方案，完成施工任务创造条件，负责施工的单位应组织有关人员熟悉设计文件，园路建设工程设计文件包括初步设计和施工图两部分。

（3）编制施工方案。施工方案是指导施工和控制预算的文件。一般的施工方案在施工图阶段的设计文件中已经确定，但负责施工的单位应作进一步的调查研究，根据工程的特点，结合具体施工条件，编制出更为深入而具体的施工方案。

2. 现场准备工作

现场准备工作进行的速度会直接影响工程质量和施工进展。开工前应做好几项主要工作：

（1）按施工计划确定并搭建好临时工棚。

（2）在园路工程涉及的范围内，凡是影响施工的地上、地下物，均应在开工前进行清理。对于计划保留的大树，应确定保护措施，做好维持施工车辆通行的便道、便桥。

（3）现场备料多指自采材料的组织运输和收料堆放，但外购材料的调运和贮存工作也不能忽视。一般开工前材料进场应在70%以上。若有运输能力，运输道路畅通，在不影响施工的条件下可随用随运。自采材料的备置堆放应根据路面结构、施工方法和材料性质而定。

3. 六大施工环节

（1）放线。按路面设计的中线，在地面上留20～50m放一中心桩，在弯道的曲线上应在曲头、曲中和曲尾各放一中心桩，并在各中心桩上写明桩号，再以中心桩为准，根据路面宽度定边桩，最后放出路面的平曲线。

（2）准备路槽。按设计路面的宽度，每侧放出 20cm 挖槽，路槽的深度应等于路面的厚度，槽底应有 2%～3%的横坡度。路槽做好后，在槽底上洒水，使它潮湿，然后用蛙式跳夯夯 2～3 遍，路槽平整度允许误差不大于 2cm。

（3）铺筑基层。根据设计要求准备铺筑的材料，在铺筑时应注意，对于灰土基层，一般实厚为 15cm，虚铺厚度，由于土壤情况不同而为 21～24cm；对于炉灰土，虚铺厚度为压实厚度的 160%，即压实 15cm，虚铺厚度为 24cm。

（4）结合层的铺筑。一般用 25 号水泥、白灰、砂混合砂浆或 1:3 白灰砂浆。砂浆摊铺宽度应大于铺装面 5～10cm，已拌好的砂浆应当日用完。也可以用 3～5cm 的粗砂均匀摊铺而成。对于特殊的石材料铺地，结合层采用 M10 水泥砂浆。

在完成的路面基层上，重新定点、放线，每 10m 为一施工段落，根据设计标高、路面宽度定边桩、中桩，打好边线、中线。设置整体现浇路面边线处的施工挡板，确定砌块路面列数及拼装方式，将面层材料运入施工现场。

（5）面层的铺筑。面层铺筑时铺砖应轻轻放平，用橡胶锤敲打稳定，不得损伤砖的边角；如发现结合层不平时应拿起铺砖重新用砂浆找齐，严禁向砖底填塞砂浆或支垫碎砖块等。采用橡胶带作伸缩缝时，应将橡胶带平正直顺紧靠方砖。铺好砖后应沿线检查平整度，发现方砖有移动现象时及时修整，最后用干砂掺入 1:10 的水泥，拌和均匀将砖缝灌注饱满，并在砖面泼水，使砂灰混合料下沉填实。

铺卵石路一般分预制和现浇两种。现场浇筑方法是先垫 75 号水泥砂浆厚 3cm，再铺水泥素浆 2cm，待素浆稍凝，即用备好的卵石，一个个插入素浆内，用抹子压实，卵石要扁、圆、长、尖，大小搭配。根据设计要求，将各色石子插出各种花卉、鸟兽图案，然后用清水将石子表面的水泥刷洗干净，第二天可再以水重的 30%掺入草酸液体，洗刷表面，则石子颜色鲜明。铺砖的养生期不得少于 3 天，在此期间内应严禁行人、车辆等走动和碰撞。

（6）道牙。道牙基础宜与路床同时填挖碾压，以保证有整体的均匀密实度。结合层用 1:3 白灰砂浆 2cm。安道牙要平稳牢固，后用 100 号水泥砂浆勾缝。道牙背后应用白灰土夯实，其宽度 50cm，厚度 15cm，密实度在 90%以上即可。

二、垫层施工

垫层是承重和传递荷载的构造层。垫层工程内容包括底层平整及原材料处理、洒水拌和、分层铺设、找平压实、养护、砂浆调制运输等过程。

1. 施工基本概念

底层平整是指填挖土方使底层土地平坦整齐，拌和是将两种或两种以上的混合物混合搅拌均匀，铺设就是将上面拌和好的垫层材料铺垫在素土基础上，找平是将所铺设的垫层材料整平，压实是利用人力或打夯机的作用，使上面找平后的垫层材料变得密实，养护是指混凝土浇筑后的初期，在凝结硬化过程中进行湿度和温度控制，以利于混凝土获得设计要求的物理力学性能。

砂浆调制就是将砂子和胶结材料（水泥、石灰膏、黏土等）加水按一定比例混合调制，运输就是将按一定比例拌和好的砂浆运到现场工地上。

2. 素混凝土垫层

素混凝土垫层是用不低于 C10 的混凝土铺设而成的，其厚度不应小于 60mm。

（1）材料要求。水泥可采用硅酸盐水泥、普通硅酸盐水泥、炉渣硅酸盐水泥、火山灰质硅酸盐水泥和粉煤灰硅酸盐水泥砂、石的质量应符合《普通混凝土用砂、石质量及检验方法标准》（附条文说明）（JGJ 52—2006），石的粒径不得大于垫层厚度的 1/4；水宜用饮用水。

（2）施工要点。混凝土的配合比应通过计算和试配决定，混凝土浇筑时的坍落度宜为 1～3cm；混凝土应拌和均匀；浇筑混凝土前，应消除淤泥和杂物，如基土为干燥的非黏性土，应用水湿润；捣实混凝土宜采用表面振捣器，表面振捣器的移动间距应能保证振捣器的平板覆盖已振实部分的边缘，每一振处应使混凝土表面呈现浮浆和不再沉落。

垫层边长超过 3m 的应分仓进行浇筑，其宽度一般为 3～4m。分格缝应结合变形缝的位置，按不同材料的地面连接处和设备基础的位置等划分；混凝土浇筑完毕后，应在 12h 以内用草帘加以覆盖和浇水，浇水次数应能保持混凝土具有足够的润湿状态，浇水养护日期不少于 7 天；混凝土强度达到 1.2MPa 后，才能在其上做面层。

3. 天然级配砂石垫层

天然级配砂石垫层是用天然砂石铺设而成，其厚度不小于 100mm。

（1）材料要求。砂和石子不得含有草根等有机杂质，冻结的砂和冻结的石子均不得使用，石子的最大粒径不得大于垫层厚度的 2/3。

（2）施工要点。用表面振捣器捣实时，每层虚铺厚度为 200～250mm，最佳含水量为 15%～20%，要使振捣器往复振捣；用内部振捣器捣实时，每层的虚铺厚度为振捣器的插入深度，最佳含水量为饱和，插入间距应按振捣器的振幅大小决定，振捣时不应插至基土上，振捣完毕后，所留孔洞要用砂塞填；用木夯或机械夯实时，每层虚铺厚度为 150～200mm，最佳含水量为 8%～12%，要一夯压半夯全面压实；用压路机碾压时，每层的虚铺厚度为 250～350mm，最佳含水量为 8%～12%，要往复碾压；砂石垫层的质量检查可在垫层中设置纯砂检查点，在同样施工条件下，按砂垫层质量检查方法及要求检查。

4. 砂垫层

砂垫层是用砂铺设而成，砂垫层的厚度不小于 60mm。

（1）材料要求。砂中不得含有草根等有机杂质，冻结的砂不得使用。

（2）施工要点。用表面振捣器捣实时，每层虚铺厚度为 200～500mm，最佳含水量为 15%～20%，要使振捣器往复振捣。

用内部振捣器捣实时，每层虚铺厚度为振捣器的插入深度，最佳含水量为饱和，振捣时不应插到基土上，振捣完毕后，所留孔洞要用砂填塞。

用木夯或机械夯实时，每层虚铺厚度为 150～200mm，最佳含水量为 8%～12%，一夯压半夯全面压实；用压路机碾压时，每层虚铺厚度为250～300mm，最佳含水量为8%～120%，要往复碾压；砂垫层的质量检查可用容积不小于200cm³的环刀取样，测定其密度，以不小于该砂料在中密状态下的干密度数值为合格，中砂在中密状态的干密度一般为 1.55～1.60g/cm³。

5. 灰土垫层

灰土垫层是用消石灰和黏土（或粉质黏土、粉土）的拌和料铺设而成，应铺在不受地下水浸湿的基土上，其厚度一般不小于100mm。

（1）材料要求。消石灰应采用生石灰块，使用前3～4天予以消解，并加以过筛，其粒径不得大于 5mm，不得夹有未熟化的生石灰块，也不得含有过多水分；土料直接采用就地挖出的土，不得含有有机杂质，使用前应过筛，其粒径不得大于15mm；灰土的配合比（体积比）一般为2:8 或3:7。

（2）施工要点。

灰土拌和料应保证比例准确、拌和均匀、颜色一致，拌好后及时铺设夯实；灰土拌和料应适当控制含水量。

灰土拌和料应分层铺平夯实，每层虚铺厚度一般为150～250mm，夯实到100～150mm；人工夯实可采用石夯或木夯，夯重 40～80kg，路高400～500mm，一夯压半夯；每层灰土的夯打遍数应根据设计要求的干密度在现场试验确定；上下两层灰土的接缝距离不得小于500mm，在施工间歇后和继续铺设前，接缝处应清扫干净，并应重叠夯实；夯实后的表面应平整，经适当晾干后，才能进行下道工序的施工；灰土的质量检查宜用环刀（环刀体积不小于200cm³）取样，测定其干密度。

三、路基施工

1. 测量放样

（1）造型复测和固定。

1）复测并固定造型及各观点主要控制点，恢复失落的控制桩。

2）复测并固定为间接测量所布设的控制点，如三角点、导线点等桩。

3）当路线的主要控制点在施工中有被挖掉或埋掉的可能时，则视当地地形条件和地物情况采用有效的方法进行固定。

（2）路线高程复测控制桩测好后，立即进行路线各点均匀进行水平测量，以复测原水准基点标高和控制点地面标高。

（3）路基放样。

1）根据设计图表定出各路线中桩的路基边缘、路堤坡脚及路堑坡顶、边沟等具体位置，定出路基轮廓。根据分幅施工的宽度，作好分幅标记，并测出地面标高。

2）路基放样时，在填土没有进行压实前，考虑预加沉落度，同时考虑修筑路面的路基标高校正值。

3）路基边桩位置可根据横断面图量得，并根据填挖高度及边坡坡度实地测量校核。

4）为标出边坡位置，在放完边桩后进行边坡放样。采用麻绳竹竿挂线法结合坡度样板法，并在放样中考虑预压加沉落度。

5）机械施工中，设置牢固而明显的填挖土石方标志，施工中随时检查，发现被碰倒或丢失立即补上。

2. 挖方

根据测放出的高程，使用挖土机械挖除路基面以上的土方，一部分土方经检验合格用于填方，余土运到有关单位指定的弃土场。

3. 填筑

填筑材料利用路基开挖出的可作填方的土、石等适用材料。作为填筑的材料，应先作试验，并将试验报告及其施工方案提交监理工程师批准。其中路基采用水平分层填筑，最大层厚不超过30cm，水平方向逐层向上填筑，并形成2%～4%的横坡以便于排水。

4. 碾压

采用振动压路机碾压，碾压时横向接头的轮迹，重叠宽度为40～50cm，前后相邻两区段纵向重叠1～1.5m；碾压时做到无漏压、无死角并保证碾压均匀。碾压时，先压边缘，后压中间；先轻压，后重压。填土层在压实前应先整平，并应作20%～40%的横坡。当路堤铺筑到结构物附近的地方，或铺筑到无法采用压路机压实的地方，使用人工夯锤予以夯实。

四、路面施工

路面就是道路的表层，用土、小石块、混凝土或沥青等材料铺成。路面工程内容包括：清理底层、砂浆调制、坐浆、铺设、找平、灌缝、模板制、安、拆、混凝土搅拌、运输、压实、抹平、养护等全过程。

1. 水泥路面施工

水泥路面的装饰施工方法有很多种，要按照设计的路面铺装方式来选用合适的施工方法。常见的施工方法及其施工技术要领主要有几种：

（1）普通抹灰与纹样处理。

1）滚花。用钢丝网做成的滚桶，或者用模纹橡胶裹在 300mm 直径铁管外做成滚桶，在经过抹面处理的混凝土面板上滚压出各种细密纹理，滚桶长度在 1m 以上比较好。

2）压纹。利用一块边缘有许多整齐凸点或凹槽的木板或木条，在混凝土抹面层上挨着压下，一面压一面移动，就可以将路面压出纹样，起到装饰作用。用这种方法时要求抹面层的水泥砂浆含砂量较高，水泥与砂的配合比可为 1:3。

3）锯纹。在新浇的混凝土表面，用一根直木条如同锯割一般来回动作，一面锯一面前移，就能够在路面锯出平行的直纹，有利于路面防滑，又有一定的路面装饰作用。

4）刷纹。最好使用弹性钢丝做成刷纹工具。刷子宽 450mm，刷毛钢丝长 100mm 左右，木把长 1.2～1.5m。用这种钢丝在未硬化的混凝土面层上可以刷出直纹、波浪纹或其他形状的纹理。

（2）露骨料饰面。采用这种饰面方式的混凝土路面和混凝土铺砌板，其混凝土应该用粒径较小的卵石配制。混凝土露骨料主要是采用刷洗的方法，在混凝土浇好后 2～6h 内就应进行处理，最迟不超过浇好后的 16～18h。刷洗工具一般用硬毛刷子和钢丝刷子。刷洗应当从混凝土板块的周边开始，要同时用充足的水把刷掉的泥砂洗去，把每一粒暴露出来的骨料表面都洗干净。刷洗后 3～7d 内，再用 10% 的盐酸水洗一遍，使暴露的石子表面色泽更明净，最后还要用清水把残留盐酸完全冲洗掉。

2. 沥青面层施工

（1）下封层施工。

1）认真按验收规范对基层严格验收，如果有不合要求地段要求进行处理，认真对基层进行清扫，并用森林灭火器吹干净。

2）在摊铺前对全体施工技术人员进行技术交底，明确职责，责任到人，使每个施工人员都对自己的工作心中有数。

3）采用汽车式洒布机进行下封层施工。

（2）沥青混合料的拌和。沥青混合料由间隙式拌和机拌制，骨料加热温度控制在 175～190℃之间，后经热料提升斗运至振动筛，经 33.5mm、19mm、13.2mm、5mm 四种不同规格筛网筛分后储存到五个热矿仓中去。

沥青采用导热油加热至 160～170℃，五种热料及矿粉和沥青用料经生产配合比设计确定，最后吹入矿粉进行拌和，直至沥青混合料均匀一致，所有矿料颗粒全部裹覆沥青，结合料无花料，无结团或块或严重粗料细料离析现象为止。沥青混凝土的拌和时间由试拌确定，出厂的沥青混合料温度严格控制在 155～170℃之间。

（3）热拌沥青混合料运输。汽车从拌和楼向运料车上放料时，每卸一斗混合料挪动一下汽车的位置，以减少粗细骨料的离析现象；混合料运输车的运量较拌和或摊铺速度有所富余，施工过程中应在摊铺机前方 30cm 处停车，不能撞击摊铺机。卸料过程中应挂空挡，靠摊铺机的推进前进；沥青混合料的运输必须快捷、安全，使沥青混合料到达摊铺现场的温度在 145～165℃之间，并对沥青混合料的拌和质量进行检查，当来料温度不符合要求或料仓结团，遭雨淋湿不得铺筑在道路上。

（4）沥青混合料的摊铺。

1）用摊铺机进行二幅摊铺，上下两层错缝 0.5m，摊铺速度控制在 2～4m/min。沥青下面层摊铺采用拉钢丝绳控制标高及平整度，上面层摊铺采用平衡梁装置，以确保摊铺厚度及平整度。摊铺速度按设置速度均衡行驶，并不得随意变换速度及停机，松铺系数根据试验段确定。正常摊铺温度应在 140～160℃之间。另在上面层摊铺时纵横向接缝口钉立 4cm 厚木条，确保接缝口顺直。

2）摊铺过程中对于道路上的窨井，在底层料进行摊铺前用钢板进行覆盖，以防止在摊铺过程中遇到窨井而抬升摊铺机，确保平整度。在摊铺细料前，把窨井抬至实际摊铺高程。窨井的抬法应根据底层料摊铺情况及细料摊铺厚度结合摊铺机摊铺时的路情况来调升，以确保窨井与路面的平整度，不致出现跳车情况。对于细料摊铺过后积聚在窨井上的粉料应用小铲子铲除，清扫干净。

3）对于路头的摊铺尽可能避免人工作业，而采用 LT6E 小型摊铺机摊铺，以确保平整度及混合料的均匀程度。

4）摊铺时对于平石边应略离于平石 3mm，至少保平，对于搭接在平石上的混合料用铲子铲除，推耙推齐，保持一条直线。

5）摊铺过程中要注意的事项：

① 汽车司机应与摊铺机手密切配合，防止车辆撞击摊铺机，使之偏位，或把料卸出机外，最好是卸料车的后轮距摊铺机 30cm 左右，当摊铺机行进接触时，汽车起升倒料。

② 连续供料。当待料时不应将机内混合料摊完，确保料斗中有足够的存料，防止送料板外露。

③ 由于故障，斗内料已结块，重铺时应铲除。

④ 操作手应正确控制摊铺边线和准确调整熨平板。

⑤ 检测员要经常检查松铺厚度，每 5m 查一断面，每断面不少于 3 点，并作好记录，及时反馈信息给操作手。

⑥ 每 50m 检查横坡一次，经常检查平整度。

⑦ 摊铺中路面工应密切注意摊铺动向，对横断面不符合要求、构造物接头部位缺料、摊铺带边缘局部缺料、表面明显不平整、局部混合料明显离析、摊铺后有明显的拖痕等，均应人工局部找补或更换混合料，且必须在技术人员指导下进

行，人工修补时，工人不应站在热的沥青层面上操作。

⑧ 每天结束收工时，禁止在已摊铺好在路面上用柴油清洗机械。

⑨ 在施工中应加强前后台的联系，防止信息传递不及时导致生产损失。

⑩ 为确保道路中央绿化带侧石在摊铺时不被沥青混凝土的施工所影响，可在侧石边缘用小型压路机碾压。

⑪ 摊铺机在开始收料前应在料斗内涂刷少量避免粘料用的柴油，并在摊铺机下铺垫塑料布以免污染路面。

（5）沥青混合料的碾压。

1）压实后的沥青混合料符合压实度及平整度的要求。

2）选择合理的压路机组合方式及碾压步骤，以达到最佳结果。沥青混合料压实采用钢筒式静态压路机及轮胎压路机或振动压路机组合的方式。压路机的数量根据生产现场决定。

3）沥青混合料的压实按初压、复压和终压（包括成形）三个阶段进行。压路机以慢而均匀的速度碾压。

4）沥青混合料的初压符合下方要求：

① 初压在混合料摊铺后较高温度下进行，并不得产生推移、发裂，压实温度根据沥青稠度、压路机类型、气温铺筑层厚度、混合料类型经试铺试压确定。

② 压路机从外侧向中心碾压。相邻碾压带应重叠 1/3～1/2 轮宽，最后碾压路中心部分，压完全幅为一遍。

③ 当边缘有挡板、道牙、路肩等支挡时，应紧靠支挡碾压。

④ 当边缘无支挡时，可用耙子将边缘的混合料稍稍耙高，然后将压路机的外侧轮伸出边缘 10cm 以上碾压。

⑤ 碾压时将驱动轮面向摊铺机。

⑥ 碾压路线及碾压方向不能突然改变而导致混合料产生推移。

⑦ 压路机起动、停止必须减速缓慢进行。

5）复压紧接在初压后进行，并符合要求：复压采用轮胎式压路机。碾压遍数应经试压确定，不少于 4～6 遍，以达到要求的压实度，并无显著轮迹。

6）终压紧接在复压后进行。终压选用双轮钢筒式压路机碾压，不宜少于两遍，并无轮迹。采用钢筒式压路机时，相邻碾压带应重叠后轮 1/2 宽度。

7）压路机碾压注意事项如下：

① 压路机的碾压段长度以与摊铺速度平衡为原则选定，并保持大体稳定；

② 压路机每次由两端折回的位置阶梯形的随摊铺机向前推进，使折回处不在同一横断面上；

③ 在摊铺机连续摊铺的过程中，压路机不随意停顿；压路机碾压过程中有沥青混合料粘轮现象时，可向碾压轮洒少量水或加洗衣粉水，严禁洒柴油；

④ 压路机不在未碾压成形并冷却的路段转向、调头或停车等候。振动压路机在已成形的路面行驶时关闭振动；

⑤ 对压路机无法压实的桥梁、挡墙等构造物接头、拐弯死角、加宽部分及某些路边缘等局部地区，采用振动夯板压实；

⑥ 在当天碾压成形的沥青混合料层面上，不停放任何机械设备或车辆，严禁散落矿料、油料等杂物。

（6）接缝、修边。

1）摊铺时采用梯队作业的纵缝采用热接缝。施工时将已铺混合料部分留下10~20cm宽暂不碾压，作为后摊铺部分的高程基准面，再最后作跨缝碾压以消除缝迹。

2）半幅施工不能采用热接缝时，设挡板或采用切刀切齐。铺另半幅前必须将缝边缘清扫干净，并涂洒少量粘层沥青。摊铺时应重叠在已铺层上5~10cm，摊铺后用人工将摊铺在前半幅上面的混合料铲走。碾压时先在已压实路面上行走，碾压新铺层10~15cm，然后压实新铺部分，再超过已压实路面的10~15cm，充分将接缝压实紧密。上下层的纵缝错开0.5m，表层的纵缝应顺直，且留在车道的画线位置上。

3）相邻两幅及上下层的横向接缝均错位5m以上。上下层的横向接缝可采用斜接缝，上面层应采用垂直的平接缝。铺筑接缝时，可在已压实部分上面铺设些热混合料使之预热软化，以加强新旧混合料的粘结。但在开始碾压前应将预热用的混合料铲除。平接缝做到紧密粘结，充分压实，连接平顺。

施工可采用下面的方法：

① 在施工结束时，摊铺机在接近端部前约1m处将熨平板稍稍抬起驶离现场，用人工将端部混合料铲齐后再予碾压。

② 然后用3m直尺检查平整度，趁尚未冷透时垂直刨除端部平整度或层厚不符合要求的部分，使下次施工时成直角连接。

4）从接缝处继续摊铺混合料前应用3m立尺检查端部平整度，当不符合要求时，予以清除。摊铺时应控制好预留高度，接缝处摊铺层施工结束后再用3m直尺检查平整度，当有不符合要求者，应趁混合料尚未冷却时立即处理。

5）横向接缝的碾压应先用双轮钢筒式压路机进行横向碾压。碾压带的外侧放置供压路机行驶的垫木，碾压时压路机位于已压实的混合料层上，伸入新铺层的宽度为15cm，然后每压一遍向混合料移动15~20cm，直至全部在新铺层上为止，再改为纵向碾压。当相邻摊铺层已经成形，同时又有纵缝时，可先用钢筒式压路机纵缝碾压一遍，其碾压宽度为15~20cm，然后再沿横缝作横向碾压，最后进行正常的纵向碾压。

6）做完的摊铺层外露边缘应准确到要求的线位。将修边切下的材料及任何其他的废弃沥青混合料从路面上清除。

3. 混凝土面层施工

（1）模板安装。混凝土施工使用钢模板，模板长3m，高100m。钢模板应确保无缺损，有足够的刚度，内侧和顶、底面均应光洁、平整、顺直，局部变形不得大于3mm。振捣时模板横向最大挠曲应小于4mm，高度与混凝土路面板厚度一致，误差不超过±2mm。

立模的平面位置和高程符合设计要求，支立稳固准确，接头紧密而无离缝、前后错位和高低不平等现象。模板接头处及模板与基层相接处均不能漏浆。模板内侧清洁并涂刷隔离剂，支模时用φ18螺纹钢筋打入基层进行固定，外侧螺纹钢筋与模板要靠紧，如个别处有空隙加木块，并固定在模板上（如图7-10）。

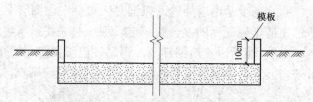

图7-10 两侧加设10cm高的模板

（2）原材料、配合比、搅拌要求。混凝土浇筑前，将到场原材料送检测单位检验并进行配合比设计，所设计的配合比应满足设计抗压、抗折强度，耐磨、耐久以及混凝土拌和物和易性能等要求。混凝土采用现场强制式机械搅拌，并有备用搅拌机，按照设计配合比拟定每机的拌和量。

拌和过程应做到以下要求：

1）砂、碎石必须过磅，并满足施工配合比要求；

2）检查水泥质量，不能使用结块、硬化、变质的水泥；

3）用水量需严格控制，安排专门的技术人员负责；

4）原材料按重量计，允许误差不应超过水泥±1%，砂、碎石±3%、水±1%（外加剂±2%）；

5）混凝土的坍落度控制在14~16cm，混凝土每槽搅拌时间控制在90~120s范围内。

（3）混凝土运输及振捣。

1）施工前检查模板位置、高程、支设是否稳固和基层平整润湿，模板是否涂遍脱模剂等，合格后才能混凝土施工。混凝土采用泵送混凝土为主，人工运输为辅。

2）混凝土的运输摊铺、振捣、整平、做面应连续进行，不得中断。如果因故中断，应设置施工缝，并设在设计规定的接缝位置。摊铺混凝土后，应随即用插入式和平板式振动器均匀振实。混凝土灌注高度应与模板相同。振捣时先用插入式振动器振动混凝土板壁边缘，边角处初振或全面顺序初振一次。同一位置振动时不宜少于20s。

插入式振动器移动的间距不宜大于其作用半径的1.5倍，甚至模板的距离应不大于作用半径的0.5倍，并应防止碰撞模板。然后再用平板振动器全面振捣，同一位置的振捣时间，以不再冒出气泡并流出水泥砂浆为准。

3）混凝土全面振捣后，再用平板振动器进一步拖拉振实并初步整平。振动器往返拖拉2~3遍，移动速度要缓慢均匀，不许中途停顿，前进速度以1.2~1.5m/min为宜。凡有不平之处，应及时辅以人工挖填补平。最后用无缝钢管滚筒进一步滚推表面，使表面进一步提浆均匀调平，振捣完成后进行抹面，抹面一般分两次进行。

第一次在整平后，随即进行，驱除泌水并压下石子。第二次抹面须在混凝土泌水基本结束，处于初凝状态但表面尚湿润时进行，用3m直尺检查混凝土表面。抹平后沿横方向拉毛或用压纹器刻纹，使路面混凝土有粗糙的纹理表面。施工缝处理严格按设计施工。

4）锯缝应及时，在混凝土硬结后尽早进行，宜在混凝土强度达到5~10MPa时进行，也可以由现场试锯确定，尤其是在天气温度骤变时不可拖延，但也不能过早，过早会导致粗骨料从砂浆中脱落。混凝土板面完毕后应及时养护，养护采用湿草包覆盖养生，养护期为不少于7d。混凝土拆模要注意掌握好时间（24h），一般以既不损坏混凝土，又能兼顾模板周转使用为准，可视现场气温和混凝土强度增长情况而定，必要时可做试拆试验确定。拆模时操作要细致，不能损坏混凝土板的边、角。

5）填缝采用灌入式填缝的施工，应符合以下规定：灌注填缝料必须在缝槽干燥状态下进行，填缝料应与混凝土缝壁粘附紧密不渗水；填缝料的灌注深度宜为3~4cm。当缝槽大于3~4cm时，可填入多孔柔性衬底材料。填缝料的灌注高度，夏天宜与板面平；冬天宜稍低于板面；热灌填缝料加热时，应不断搅拌均匀，直到规定温度。当气温较低时，应用喷灯加热缝壁。施工完毕，应仔细检查填缝料与缝壁粘结情况，在有脱开处，应用喷灯小火烘烤，使其粘结紧密。

第三节　变样式园路施工

一、阶梯、蹬道施工

1. 台阶的基本要求
（1）通常，室外台阶设计，如果降低踢板高度，加大踏板宽度，可提高台阶舒适性。踢板高度（h）与踏板宽度（b）的关系如下：$2h+b=60\sim65cm$。

（2）如果踢板高度设在 10cm 以下，行人上、下台阶易磕绊，比较危险。因此，应当提高台阶上、下两端路面的排水坡度，调整地势，或者取消台阶，或者将踢板高度设在 10cm 以上。也可以考虑做成坡道。

（3）如果台阶长度超过 3m，或是需要改变攀登方向，为了安全应在中间设置一个休息平台，通常平台的深度为 1.5m 左右。

（4）踏板应设置 1%左右的排水坡度。踏面应作防滑饰面，天然石台阶不要做细磨饰面。落差大的台阶，为防止降雨时雨水自台阶上瀑布般跌落，应在台阶两端设置排水沟。

（5）台阶的特殊处理。如果踢板高在 15cm 以下、踏板宽在 35cm 以上，则台阶宽度应定为 90cm 以上，踢进为 3cm 以下；踏面特别需要做防滑处理；为便于上、下台阶，在台阶两侧或中间设置扶栏，扶栏的标准高度为 80cm，一般在距台阶的起、终点约 30cm 处作连续设置；台阶附近的照明应保证一定照度。

2. 阶梯、蹬道施工要求

（1）砖石阶梯踏步。以砖或整形毛石为材料，M2.5 混合砂浆砌筑台阶与踏步，砖踏步表面按设计可用 1:2 水泥砂浆抹面，也可做成水磨石踏面，或者用花岗石、防滑釉面地砖作贴面装饰。

根据行人在踏步上行走的规律，一步踏的踏面宽度应设计为 28～38cm，适当再加宽一点也可以，但不宜宽过 60cm；二步踏的踏面可以宽 90～100cm。每一级踏步的宽度最好一致，不要忽宽忽窄。每一级踏步的高度也要统一起来，不得高低相间。一级踏步的高度一般情况下应设计为 10～16.5cm。低于 10cm 时行走不安全，高于 16.5cm 时行走较吃力。

儿童活动区的梯级道路，其踏步高应为 10～12cm，踏步宽不超过 46cm。一般情况下，园林中的台阶梯道都要考虑伤残人轮椅车和自行车推行上坡的需要，要在梯道两侧或中带设置斜坡道。梯道太长时，应当分段插入休息缓冲平台，梯道每一段的梯级数最好控制在 25 级以下，缓冲平台的宽度应在 1.58m 以上，太窄时不能起到缓冲作用。

在设置踏步的地段上，踏步的数量至少应为 2～3 级，如果只有一级而又没有特殊的标记，则容易被人忽略，使人绊跤。

（2）混凝土踏步道。一般将斜坡上素土夯实，坡面用 1:3:6 三合土（加碎砖）或 3:7 灰土（加碎砖石）作垫层并筑实，厚为 6～10cm；其上采用 C10 混凝土现浇做踏步。踏步表面的抹面可按设计进行。

每一级踏步的宽度、高度以及休息缓冲平台、轮椅坡道的设置等要求都与砖石阶梯踏步相同，可参照进行设计。

3. 阶梯、蹬道的施工

（1）阶梯。

1）踏步。踏步即台阶，它的作用是为了解决地势高差的问题。有时为了强调主题，使主题升高而筑平台或基座，平台或基座与地面之间也需用台阶过渡。台阶本身具有一定的韵律感，特别是螺旋形的楼梯相当于音乐中的旋律。因此台阶在园林中，除自身的功能外还具有装饰作用。

台阶造型十分丰富，基本上可分为规则式与拟自然式两类。同时按取材不同，还可分为石阶、混凝土阶、钢筋混凝土阶、竹阶、木阶、草皮阶等。台阶可与假山、挡土墙、花台、树池、池岸、石壁等结合，以代替栏杆，能给游人带来安全感，又能掩蔽裸露的台阶侧面，使台阶有整体感和节奏感。

2）坡道。坡道是整体呈坡形趋势的道路。它的台阶（台阶即踏步）每一级都向下坡方向作20%的倾斜，以便于排水。石阶断面要上挑下收，防止人们上台阶时脚尖碰到石级上沿。用小块山石拼合的石级，拼缝要上下交错，以上石压下缝。如果厅堂台基不高时，也可采用斜坡。总之，台阶虽小，但花样繁多，装饰意义不小，结合环境要求，需要认真设计。

（2）蹬道。蹬道有两种形式，分别为山石蹬道和攀岩天梯梯道。

1）山石蹬道。山石蹬道在园林土山或石假山及其他一些地方，为了与自然山水园林相协调，梯级道路不采用砖石材料砌筑成整齐的阶梯，而是采用顶面平整的自然山石，依山随势地砌成山石磴道。山石材料可根据各地资源情况选择，砌筑用的结合材料可用石灰砂浆，也可用1:3水泥砂浆，还可以采用山土垫平塞缝，并用片石刹垫稳当。

踏步石踏面的宽窄允许有些不同，可在30～50cm之间变动。踏面高度还是应统一起来，一般采用12～20cm。设置山石磴道的地方本身就是供登攀的，所以踏面高度大于砖石阶梯。

2）攀岩天梯梯道。这种梯道是在风景区山地或园林假山上最陡的崖壁处设置的攀登通道。一般是从下至上在崖壁凿出一道道横槽作为梯步，如同天梯一样。梯道旁必须设置铁链或铁管矮栏并固定于崖壁壁面，作为登攀时的扶手。

二、园桥施工

1. 园桥的造型

常见的园桥造型形式见表7-3。

表 7-3 常见的园桥造型形式

形式	内容	图示
平桥	有木桥、石桥、钢筋混凝土桥等。桥面平整，结构简单，平面形状为一字形。桥边常不做栏杆或只做矮护栏。桥体的主要结构部分是石梁、钢筋混凝土直梁或木梁，也常见直接用平整石板、钢筋混凝土板作桥面而不用直梁的	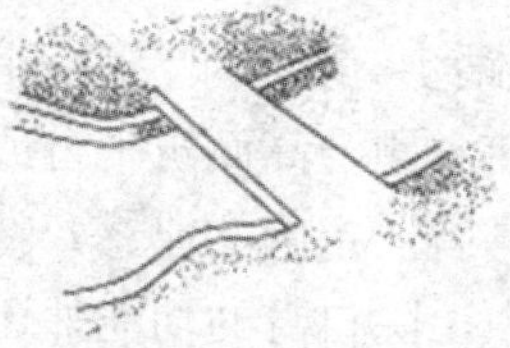
平曲桥	基本情况和一般平桥相同。桥的平面形状不为一字形，而是左右转折的折线形。根据转折数，可有三曲桥、五曲桥、七曲桥、九曲桥等。桥面转折多为90°直角，但也可采用120°钝角，偶尔还可用150°转角。三曲桥桥面设计为低而平的效果最好	
亭桥	在桥面较高的平桥或拱桥上，修建亭子，就做成亭桥。亭桥是园林水景中常用的一种景物，它既是供游人观赏的景物点，又是可停留其中向外观景的观赏点	
拱桥	常见有石拱桥和砖拱桥，也有少量钢筋混凝土拱桥。拱桥是园林中造景用桥的主要形式，其材料易得，价格便宜，施工方便；桥的立面形象比较突出，造型可有很大变化，并且圆形桥孔在水面的投影也十分好看，因此，拱桥在园林中应用极为广泛	
汀桥	这是一种没有桥面，只有桥墩的特殊的桥，或者也可说是一种特殊的路。是采用线状排列的步石、混凝土墩、砖墩或预制的汀步构件布置在浅水区、沼泽区、沙滩上或草坪上，形成的能够行走的通道	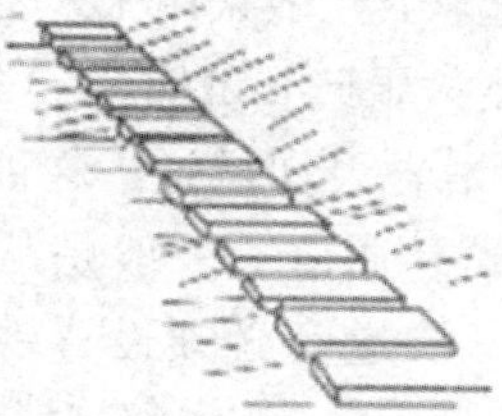
浮桥	将桥面架在整齐排列的浮筒（或舟船）上，可构成浮桥。浮桥适用于水位常有涨落而又不便人为控制的水体中	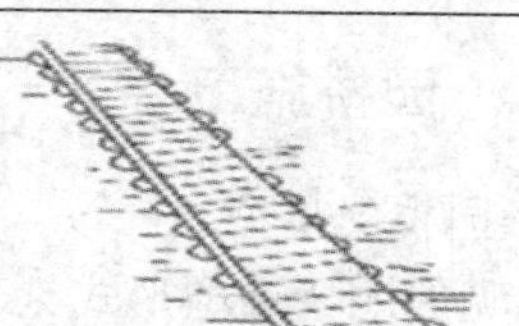

形式	内　容	图　示
栈桥和栈道	架长桥为道路，是栈桥和栈道的根本特点。严格地讲，这两种园桥并没有本质上的区别，只不过栈桥更多的是独立设置在水面上或地面上，而栈道则更多地依傍于山壁或岸壁	
吊桥	是以钢索、铁链为主要结构材料（在过去，则有用竹索或麻绳的），将桥面悬吊在水面上的一种园桥形式。这类吊桥吊起桥面的方式又有两种。一种是全用钢索铁链吊起桥面，并作为桥边扶手。另一种是在上部用大直径钢管做成拱形支架，从拱形钢管上等距地面垂下钢制缆索，吊起桥面。吊桥主要用在风景区的河面上或山沟上面	
廊桥	这种园桥与亭桥相似，也是在平桥或平曲桥上修建风景建筑，只不过其建筑是采用长廊的形式罢了。廊桥的造景作用和观景作用与亭桥一样	

2. 桥体的结构形式

园桥的结构形式随其主要建筑材料的不同而有所不同。钢筋混凝土园桥和木桥的结构常用板梁柱式，石桥常用拱券式或悬臂梁式，铁桥常采用桁架式，吊桥常用悬索式等，都说明建筑材料与桥的结构形式是紧密相关的见表7-4。

表7-4　　　　　　　　　　桥体的结构形式

形式	内　容	图　示
悬索式	即一般索桥的结构方式。以粗长的悬索固定在桥的两头，底面有若干根钢索排成一个平面，其上铺设桥板作为桥面；两侧各有一根至数根钢索从上到下竖向排列，并由许多下垂的钢丝绳相互串联一起，下垂钢丝绳的下端则吊起桥板	
板梁柱式	以桥柱或桥墩支撑桥体质（重）量，以直梁按简支梁方式两端搭在桥柱上，梁上铺设桥板作桥面，在桥孔跨度不太大的情况下，也可不用桥梁，直接将桥板两端搭在桥墩上，铺成桥面。桥梁、桥面板一般用钢筋混凝土预制或现浇；如果跨度较小，也可用石梁和石板	

续表

形 式	内 容	图 示
悬臂梁式	即桥梁从桥孔两端向中间悬挑伸出，在悬挑的梁头再盖上短梁或桥板，连成完整的桥孔，这种方式可以增大桥孔的跨度，以便于桥下行船。石桥和钢筋混凝土桥都可能采用悬臂梁式结构	
桁架式	用铁制桁架作为桥体。桥体杆件多为受拉或受压的轴力构件，这种杆件取代了弯矩产生的条件，使构件的受力特性得以充分发挥。杆件的结点多为铰接	—
拱券式	桥孔由砖石材料拱券而成，桥体质（重）量通过圆拱传递到桥墩，单孔桥的桥面一般也是拱形，因此它基本上都属于拱形。三孔以上的拱券式桥，其桥面多数做成平整的路面形式，但也常有把桥顶做成半径很大的微拱形桥面	 券石

3. 园桥基础施工

（1）施工准备。工程施工前，必须对设计文件、图纸、资料进行现场研究和核对；查明文件、图纸、资料是否齐全，如果发现图纸、资料欠缺、错误、矛盾必须向业主提出补全和更正。若发现设计与现场有出入处，必要时应进行补充调查。

小桥涵开工前应依据设计文件和任务要求编制施工方案，其中包括：编制依据、工期要求、材料和机具数量、施工方法、施工力量、进度计划、质量管理等。同时应编制实施施工组织设计，使施工方案具体化，一般小桥涵的施工组织设计可配合路基施工方案编制。

（2）施工前测量。

1）对业主所交付的小桥涵中线位置桩、三角网基点桩、水准点桩及其测量资料进行检查、核对，如果发现桩数不足，有移动现象或测量精度不足，应按规定要求精度进行补测或重新核对并对各种控制进行必要的移设或加固。

2）补充施工需要的桥涵中线桩、墩台位置桩、水准基点桩及必要的护桩。

3）当地下有电缆、管道或构造物靠近开挖的桥涵基础位置时，应对这些构造物设置标桩。监理工程师应当检查承包商确定的桥涵位置是否符合设计位置，如果发现有可疑之处应要求承包商提供测量资料，检查测量的精度，必要时可要求承包商复测。

（3）基础施工。小桥涵常用的基础类型是天然地基上的浅基础，基础所用的材料大多为混凝土或钢筋混凝土结构，石料丰富地区也常采用石砌基础。明挖基础的施工主要内容包括定位放样、基坑开挖、基坑排水、基底处理与瓦工砌筑。

1）定位放线。在基坑开挖前，需进行基础的定位放样工作。即将设计图上的基础位置准确地设置到桥址位置上来（图 7-11），为桥台基础定位放样。基坑各定位点的标高及开挖过程中标高检查应按一般水准测量方法进行。

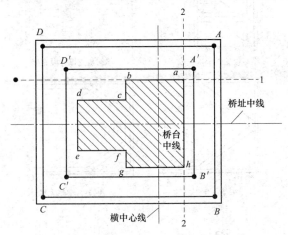

图 7-11　桥台基础定位放样示意图

2）基坑开挖。应根据土质条件、基坑深度、施工期限以及有无地表水或地下水等因素，采用适当的施工方法，分为不加支撑的基坑开挖和有支撑的基坑开挖。

不加支撑的基坑开挖常用基坑的形式如图 7-12 所示。对于一般小桥涵的基础、工程量不大的基坑，可以采用人工施工。

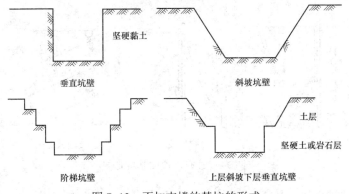

图 7-12　不加支撑的基坑的形式

有支撑的基坑，土质不易稳定并有地下水等影响，或施工现场条件受限时，可采用有支撑的基坑。

常用的坑壁支撑形式有直衬板式坑壁支撑、横衬板式坑壁支撑、框架式支撑及其他形式的支撑（如锚桩式、锚杆式、锚碇板式、斜撑式等）如图7-13所示。

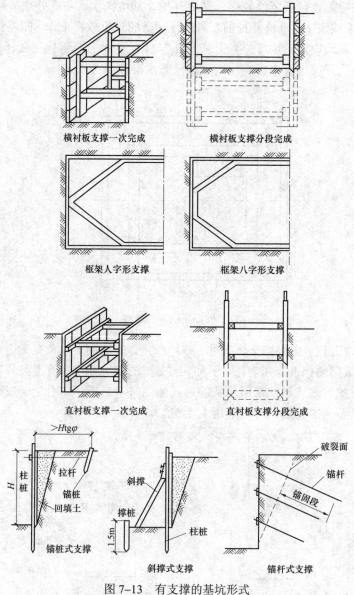

图7-13 有支撑的基坑形式

3）基坑排水。

① 集水坑排水法：底宽不小于0.3m、纵坡为0.1%～0.5%，一般设在下游位置，坑深应大于进笼头高度，并用荆笆、编筐或木笼围护，以防止泥沙阻塞吸水龙头。

② 井点排水法：当土质较差有严重流沙现象，地下水位较高，挖基较深，坑壁不易稳定，用普通排水方法难以解决时，可采用井点排水法。

4）基底处理。天然地基基础的基底土壤好坏对基础、墩台及上部结构的影响很大，一般应进行基底的处理工作如下：

① 岩层：以风化的岩层基底应清除岩面碎石、石块、淤泥、苔藓等；风化的岩层基底，其开挖基坑尺寸要少留或不留富余量，灌注基础圬工同时将坑底填满，封闭岩层；岩层倾斜时，应将岩面凿平或凿成台阶，使承重面与重力线垂直，以免滑动；砌筑前，岩层表面用水冲洗干净。

② 黏土层：铲平坑底时，不能扰动土壤天然结构，不得用土回填；必要时，加铺一层 10cm 厚的夯填碎石，碎石面不得高出基底设计标高；基坑挖完处理后，应在最短期间砌筑基础，防止暴露过久变质。

③ 软土层：基底软土深度小于 2m 时，应将软土层全部挖除，换以中、粗砂、砾石、碎石等力学性质较好的填料，分层夯实；软土层深度较大时，应布置砂桩（或砂井）穿过软土层，上层铺砂垫层。

④ 溶洞：暴露的溶洞应用浆砌片石，混凝土填充，或填砂、砾石后，压水泥浆充实加固；检查有无隐蔽溶洞，在一定深度内钻孔检查；有较深的溶沟时，也可作钢筋混凝土盖板或梁跨越，也可改变跨径避开。

⑤ 泉眼：插入钢管或做木井，引出泉水使与圬工隔离，以后用水下混凝土填实；在坑底凿成暗沟，上放盖板，将水引出至基础以外的汇水井中抽出，圬工硬化后，停止抽水。

⑥ 碎石及砂类土壤：承重面应修理平整夯实，砌筑前铺一层 2cm 厚的浓稠水泥砂浆。

⑦ 湿陷性黄土：基底必须有防水措施；根据土质条件，使用重锤夯实、换填、挤密桩等措施进行加固，改善土层性质；基础回填不得使用砂、砾石等透水土壤，应用原土加夯封闭。

⑧ 冻土层：冻土基础开挖宜用天然或人工冻结法施工，并应保持基底冻层不融化；基底设计标高以下，铺设一层 10~30cm 粗砂或 10cm 的冷混凝土垫层，作为隔热层。

5）圬工砌筑。在基坑中砌筑基础圬工，可分为无水砌筑、排水砌筑及水下灌筑三种情况。基础圬工用料应在挖基完成前准备好，以保证能及时砌筑基础，避免基底土壤变质。

三、栈道建设

1. 栈道的类型

根据栈道路面的支撑方式和栈道的基本结构方式，一般把栈道分为立柱式、斜撑式和插梁式三个类型见表 7–5。

表 7–5 栈 道 的 类 型

类型	内 容	图 示
斜撑式栈道	在坡度更大的陡坡地带，采用斜撑式修建栈道比较合适，这种栈道的横梁一端固定在陡坡坡面上或山壁的壁面上，另一端悬挑在外；梁头下面用一斜柱支撑，斜柱的柱脚也固定在坡面或壁面上。横梁之间铺设桥板作为栈道的路面	
插梁式栈道	在绝壁地带常采用这种栈道形式，其横梁的一端插入山壁上凿出的方形孔中并固定下来，另一端悬空，桥面板铺设在横梁上	
立柱式栈道	立柱式栈道适宜建在坡度较大的斜坡地带，其基本承重构件是立柱和横梁，架设方式基本与板梁柱式园桥相同，不同处只是栈道的桥面更长	

2. 栈道的结构

栈道路面宽度的确定与栈道的类型有关。采用立柱式栈道的，路面设计宽度可为 1.5~2.5m；斜撑式栈道路面宽度可为 1.2~2.0m；插梁式栈道路面不能太宽，0.9~1.8m 就比较合适。

（1）桥面板。桥面板可用石板或钢筋混凝土板铺设。铺石板时，要求横梁间距比较小，一般不大于 1.8m。石板厚度应在 80mm 以上。钢筋混凝土板可用预制空心板或实心板。空心板可按产品规格直接选用。实心钢筋混凝土板厚度常设计为 6cm、8cm、10cm，混凝土强度等级可用 C15~C20。栈道路面可以用 1:2.5 水泥砂浆抹面处理。

（2）护栏。立柱式栈道和部分斜撑式栈道可以在路面外缘设立护栏。护栏最好用直径 254mm 以上的镀锌钢管焊接制成；也可做成石护栏或钢筋混凝土护栏。

作石护栏或钢筋混凝土护栏时，望柱、栏板的高度可分别为 900mm 和 700mm，望柱截面尺寸可为 120mm×120mm 或 150mm×150mm，栏板厚度可为 50mm。

（3）横梁。横梁的长度应是栈道路面宽度的 1.2～1.3 倍，梁的一端应插入山壁或坡面的石孔并稳实地固定下来。插梁式栈道的横梁插入山壁部分的长度，应为梁长的 1/4 左右。横梁的截面为矩形，宽高的尺寸可为 120mm×180mm～180mm×250mm。横梁也用 C20 混凝土浇筑，梁一端的下面应有预埋铁件与立柱或斜撑柱焊接。

（4）立柱与斜撑柱。立柱用石柱或钢筋混凝土柱，截面尺寸可取 180mm×180mm 至 250mm×250mm，柱高一般不超过柱径的 15 倍。斜撑柱的截面尺寸比立柱稍小，可在 150mm×150mm 至 200mm×200mm 之间。斜撑柱上端应预留筋头与横梁梁头相焊接，下端应插入陡坡坡面或山壁壁面。立柱和斜撑柱都用 C20 混凝土浇制。

园林栈道的做法如图 7-14 所示。

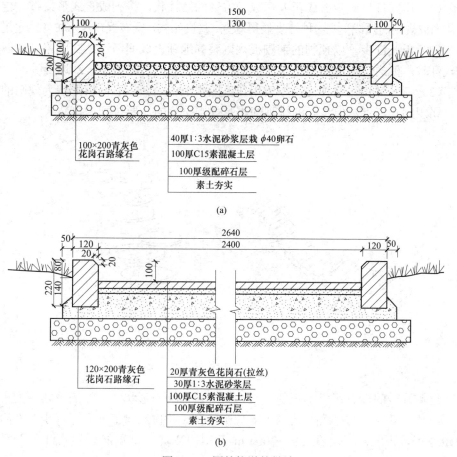

图 7-14　园林栈道的做法

四、园林汀步建设

汀步是用一些板块状材料按一定的间距铺装成的连续路面，板块材料可称为步石。这种路面具有简易、造价低、铺装灵活、适应性强、富于情趣等特点，既可作永久性园路，也可作临时性便道。

按照步石平面形状特点和步石排列布置方式，可把汀步分为规则式和自然式两类。

1. 规则式汀步

步石形状规则整齐，并常常按规则整齐的形式铺装成园路，这种汀步就是规则式汀步，如图 7-15、图 7-16 所示。规则式汀步步石的宽度应为 400～500mm，步石与步石之间的净距宜为 50～150mm。在同一条汀步路上，步石的宽度规格及排列间距都应当统一。常见的规则式汀步有以下三种：

（1）墩式汀步。步石成正方形或长方形的矮柱状，排列成直线形或按一定半径排列成规则的弧线形。这种汀步显得厚重、稳固结实，宜布置在浅水中作为过道。

（2）板式汀步。以预制的铺砌板规则整齐地铺设成间断连续式园路，就属于板式汀步。板式汀步主要用于旱地，如布置在草坪上、泥地上、沙地上等。

（3）荷叶汀步。这种汀步一般用在庭园水池中，其步石面板形状为规则的圆形，属规则式汀步，但步石的排列却不是规则整齐的，要排列为自然式。

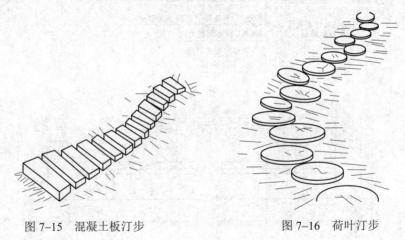

图 7-15　混凝土板汀步　　　　　　　图 7-16　荷叶汀步

2. 自然式汀步

这类汀步的步石形状不规则，常为某种自然物的形状。步石的形状、大小可以不一致，其布置与排列方式也不能规则整齐，要自然错落地布置。步石之间的净距也可以不统一，可在 50～200mm 范围内变动。常见的自然式汀步主要有两种。

（1）自然山石汀步。选顶面较平整的片状自然山石，宽度在 300～600mm 范围内，按照左右错落、自然曲折的方式布置成汀步园路，在草坪上，步石的下部 1/3～1/2 应埋入土中。在浅水区中，步石下部稍浸入水中，底部一定要用石片刹垫实，并用水泥砂浆与基座山石结合牢固。

（2）仿自然树桩汀步。步石被塑造成顶面平整的树桩形状，树桩按自然式排列，有大有小，有宽有窄，有聚有散，错落有致。这种汀步路布置在草坡上尤其能与环境协调；布置在水池中也可以，但与环境的协调性不及在草坡和草坪上。

3. 汀步布设要点

（1）仿树桩汀步。用水泥砂浆砌砖石做成树桩的基本形状，表面再用 1:2.5 或 1:3 有色水泥砂浆抹面并塑造树根与树皮形象。

树桩顶面仿锯截状做成平整面，用仿本色的水泥砂浆抹面。待抹面层稍硬时，用刻刀刻划出一圈圈年轮环纹，清扫干净后，再调制深褐色水泥浆，抹进刻纹中。

抹面层完全硬化之后，打磨平整，使年轮纹显现出来。

（2）板式汀步。板式汀步的铺砌板，平面形状可为长方形、正方形、圆形、梯形、三角形等。

梯形和三角形铺砌板主要是用来相互组合，组成板面形状有变化的规则式汀步路面。

铺砌板宽度和长度可根据设计确定，其厚度常设计为 80～120mm。板面可以用彩色水磨石来装饰，不同颜色的彩色水磨石铺路板能够铺装成美观的彩色路面。

（3）荷叶汀步。步石由圆形面板、支承墩（柱）和基础三部分构成。

圆形面板应设计 2～4 种尺寸规格，如直径为 450mm、600mm、750mm、900mm 等。采用 C20 细石混凝土预制面板，面板顶面可仿荷叶进行抹面装饰。抹面材料用白色水泥加绿色颜料调成浅果绿色，再加绿色细石子，按水磨石工艺抹面。

抹面前要先用铜条嵌成荷叶叶脉状，抹面完成后一并磨平。为了防滑，顶面一定不能磨得很光。荷叶汀步的支柱可用混凝土柱，也可用石柱，其设计按一般矮柱处理。基础应牢固，至少要埋深 300mm；其底面直径不得小于汀步面板直径的 2/3。

第四节 广 场 铺 地

一、广场的分类

（1）按照广场的性质和使用功能可分为交通集散广场、生产管理广场、游憩活动广场等三大类。

1）交通集散广场：此处人流量较大，主要功能是组织和分散入流，比如大型旅游公园的出入口广场。

2）生产管理广场：主要供园务管理、生产的需要之用。它的布局应与园务管理专用出入口、苗圃等有较方便的联系。

3）游憩活动广场：这类广场在园林中经常运用，它可以是草坪、疏林及各式铺装地，外形轮廓为几何形或塑性曲线，也可以与花坛、水池、喷泉、雕塑、亭廊等园林小品组合而成，主要供游人游览、休息、儿童游戏、集体活动等使用。

（2）按照广场的主要功能可分为园景广场、休闲娱乐场地、停车场和回车场、集散场地、其他场地五大类。

1）园景广场。是将园林立面景观集中汇聚、展示在一处，并突出表现宽广的园林地面景观（如装饰地面、水景池、花坛群等）的一类园林广场。

2）休闲娱乐场地。这类场地具有明确的休闲娱乐性质，在现代公共园林中是很常见的一类场地。

3）停车场和回车场。主要指设在公共园林内外的汽车停放场、自行车停放场和扩宽一些路口形成的回车场地。停车场多布置在园林出入口内外，回车场则一般在园林内部适当地点灵活设置。

4）集散场地。设在主体性建筑前后、主路路口、园林出入口等人流频繁的重要地点，以人流集散为主要功能。

5）其他场地。附属在公共园林内外的场地，还有如旅游小商品市场、花木盆栽场、园林机具停放场、餐厅杂物院等。

二、广场基础施工

1. 施工准备

（1）材料准备。准备施工机具、路面基层和面层的铺装材料以及施工中需要的其他材料；清理施工现场。

（2）场地放线。按照广场设计图所绘施工坐标方格网，将所有坐标点测设到场地上，并打桩定点。然后以坐标桩点为准，根据广场设计图，在场地地面上放出场地的边线、主要地面设施的范围线和挖方区、填方区之间的零点线。

（3）地形复核。对照广场竖向设计图，复核场地地形。各坐标点、控制点的自然地坪标高数据有缺漏的，要在现场测量补上。

2. 场地整理

（1）挖方与填方施工。挖、填方工程量较小时，可用人力施工；工程量大时，应该进行机械化施工。挖方与填方时注意三点：

1）预留作草坪、花坛及乔灌木种植地的区域，可暂不开挖。

2）水池区域要同时挖到设计深度。填方区的堆填顺序应当是先深后浅，先分层填实深处，后填浅处。每填一层就夯实一层，直到设计的标高处。

3）挖方过程中挖出适宜栽培的肥沃土壤，要临时堆放在广场外边，以后再填入花坛、种植地中。

（2）场地平整。挖、填方工程基本完成后，需要按设计要求对场地进行回填压实及平整，为确保广场基层稳定，对场地平整做下面几点处理：

1）清除并运走的场地杂草、转走现场的木方及竹笆建筑材料。

2）用挖掘机将场地其他多余土方转运到西边场地，用推土机分层摊铺开来，每层厚度控制在30cm左右。然后采用两台15t压路机对摊铺的大面积场地进行碾压，局部采用人工打夯机夯实。压至场地土方无明显下沉或压路机无明显轮迹为止。按设计要求至少须三次分层摊铺和碾压。对经压路机碾压后低于设计标高及低洼的部位采用人工回填夯实。

3）人工夯实填土时，夯前应初步平整，夯实时要按照一定方向进行，一夯压半夯，夯夯相接，行行相连，每遍纵横交叉，分层夯打。人工夯实部分采用蛙式夯机，夯打遍数不少于三遍，对周边等压路机碾压不到的部位应加夯几次。

4）广场场地平整及碾压完成后，安排测量人员放出广场道路位置，根据设计图纸标高，使道路路基标高略高于设计要求，用15t振动压路机对道路再进行一次碾压。

采用振动压路机碾压，碾压时横向接头的轮迹，重叠宽度为40~50cm，前后相邻两区段纵向重叠1~1.5m，碾压时做到无漏压、无死角并保证碾压均匀。

碾压时，先压边缘，后压中间；先轻压，后重压。填土层在压实前应先整平，并应作2%~4%的横坡。当路堤铺筑到结构物附近的地方，或铺筑到无法采用压路机压实的地方，使用夯锤予以夯实。

5）使道路路基达到设计要求的压实系数。并按设计要求做好压实试验。

6）场地平整完成后，及时合理安排地下管网及碎石、块石垫层的施工，确保施工有序及各工种交叉作业。

（3）确定边缘地带的竖向连接方式。根据场地周边与建筑、园路、管线等的连接条件，确定边缘地带的竖向连接方式，调整连接点的地面标高。还要确认地面排水口的位置，调整排水沟的底部标高，使广场地面与周围地坪的连接更自然，排水、通道等方面的矛盾降至最低。

三、混凝土铺地砖

现代园林由于游人量很大，运输荷载的增加，传统铺地的砖、卵石、碎石等材料就其强度、平整度和耐久性等方面往往不能满足使用要求。黑色沥青混凝土整体路面虽然能满足上述要求，但其又在美观及与周围环境协调等方面不足。因此，以上铺地材料在国内外都逐渐让位于混凝土地面砖。

1. 常用的混凝土铺地砖

（1）车行道面砖。公园的进出口广场和主干道都应考虑有一定荷载的车辆通过，因此其面砖厚度应为 7～10cm。为了分散可能压在单块砖上的局部荷载，这种砖通常应是不规则形状的。铺砌时可以相互咬住，以增加其抗压能力。通用的混凝土抗压强度为 50MPa。

（2）套色混凝土面砖。套色混凝土路面砖是在一块混凝土砖上用不同色彩组成各种图案，可以适用于路面的镶边，或与其他路面砖拼花使用，能起到装饰路面和广场的作用。

它的图案和色彩可以根据环境的要求任意设计，能较为自由地表现各种题材，使路面更好地成为景的组成部分，丰富和加深景的情趣。

（3）游步道砖。这种砖的厚度通常可为 3～7cm，其形状可以设计得很丰富。适用于荷载不大的游步道、轻型车道、广场、庭院等的铺装。如果选用的面砖较薄，可在混凝土中加入钢筋。

基层如果有足够的刚度，在夯实的素土上增加 5～10cm 的粗砂即可铺装。如果做彩色混凝土砖，其彩色层的厚度应为 1cm。混凝土的强度在南方地区为 15～20MPa，而在寒冷的北方地区则需 40MPa。

2. 施工技术工艺流程

（1）制胎。制胎是根据设计尺寸，选择有一定刚度的、表面光滑的方木，做成装拆方便的框架（做成工具式，不要用钉子钉）。

做胎时将框架放在工作台上，在框架内铺一层 3cm 厚的雕塑泥（一般用普通黏土加一些碎棉花）或用白灰膏加适量的碎麻刀。

放样后，将花纹剔除，为翻模方便剔除时要上面略大，下面略小，表现光滑，待泥胎风干到七八成（一般夏季半天，冬季适当延长）时即可使用。

（2）翻模。在泥胎风干后，在胎上涂刷隔离剂。一般隔离剂应选用不脏构件表面、经济适用、配合简单的原料。

常用的隔离剂：

1）废机油，使用时在泥胎表面均匀地刷 1～2 遍即可。

2）肥皂下脚料，将皂脚按其重量加水 50%，煮沸后使用。现在市场上生产的有一种成品叫软皂可直接使用。

3）其他像清油加火碱等也可作隔离剂，但成本较高。

在翻水泥模时切勿损伤花纹、边角，翻好的模子要注意养护，达到强度后方可使用。

（3）制砖。制砖的过程与翻模的做法一样，待混凝土初凝后即可脱模，并随即填入彩色水泥。在填入彩色水泥时，要尽可能保持砖面的清洁，并在次日使用 8%～12%（质量分数）的草酸液用细磨石擦洗表面，使砖面的花纹清晰鲜明。

3. 混凝土铺地做法

混凝土铺地做法如图 7-17 所示。

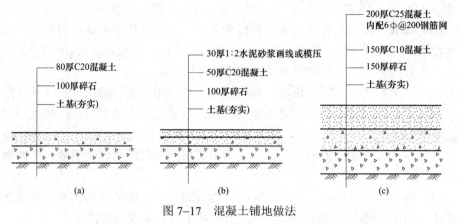

图 7-17　混凝土铺地做法

（a）混凝土路做法（一）；（b）混凝土路做法（二）；（c）混凝土路做法（三）

4. 彩色水泥的配制

各种铺面砖如掺入各色着色剂可以大大提高其美观程度。着色剂需选用不溶于水的无机矿物颜料，如红色的氧化铁、绿色的氧化铬、黄色的柠檬铬黄、黑色的炭黑等。各种彩色水泥的配制是在水泥中加入各种需要的着色剂。像绘画一样，各种颜色需自行调配。据经验有几种调配方法。

（1）配橙黄色水泥，需白水泥 500g，加黄粉 10g、红粉 25g。

（2）配苹果绿色水泥，需白水泥 1000g，加绿粉 150g、蓝粉 50g。

（3）配咖啡色水泥，需普通水泥 500g，加黄粉 20g、红粉 15g。

（4）配制云石，需白水泥 1000g，普通水泥 500g，加绿粉 0.25g、蓝粉 0.1g。

从上述配方中，可以看出如配制浅色、鲜艳的颜色用白水泥，而配深色则可选用普通水泥。并且着色剂的用量一般不超过混凝土中石粉用量的 10%，通常为石粉重量的 1%～5%，根据需要而定。

四、花岗岩铺装施工

1. 施工工艺

（1）垫层施工。将原有水泥方格砖地面拆除后，平整场地，用蛙式打夯机夯实，浇筑 150mm 厚素混凝土垫层。

（2）基层处理。检查基层的平整度和标高是否符合设计要求，偏差较大的事先凿平，并将基层清扫干净。

（3）找水平、弹线。用 1:2.5 水泥砂浆找平，作水平灰饼，弹线、找中、找方。

施工前一天洒水湿润基层。

（4）试拼、试排、编号。花岗石在铺设前对板材进行试拼、对色、编号整理。

（5）铺设。弹线后先铺几条石材作为基准，起标筋作用。铺设的花岗石事先洒水湿润，阴干后使用。在水泥焦渣垫层上均匀地刷一道素水泥浆，用1:2.5干硬性水泥砂浆做粘结层，厚度根据试铺高度决定粘结厚度。

用铝合金尺找平，铺设板块时四周同时下落，用橡胶锤敲击平实，并注意找平、找直，如果有锤击空声，需揭板重新增添砂浆，直至平实为止，最后揭板浇一层水灰比为0.5的素水泥浆，再放下板块，用锤轻轻敲击铺平。

（6）擦缝。待铺设的板材干硬后，用与板材同颜色的水泥浆填缝，表面用棉丝擦拭干净。

（7）养护、成品保护。擦拭完成后，面层铺盖一层塑料薄膜，减少砂浆在硬化过程中的水分蒸发，增强石板与砂浆的粘结牢度，确保地面的铺设质量。

养护期为3～5d，养护期禁止上人上车，并在塑料薄膜上再覆盖硬纸垫，以保护成品。

2. 花岗石铺地做法

花岗石铺地做法如图7-18所示。

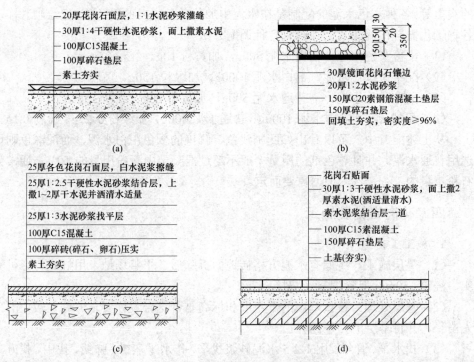

图7-18　花岗岩四种铺地做法

五、雕砖卵石嵌花地面施工

在铺地中雕砖一般多为平雕，即雕刻的图案完全在一个平面上，也可以用浅浮雕。雕好砖后，按设计要求将砖墁好，然后在花饰空白的地方码栽各色石子，形成一幅幅精美的画面。

1. 雕砖

雕砖俗称硬花活。其雕刻的程序如下：

（1）画样。雕刻的砖应事先按要求砍磨加工好，然后用笔在砖上画出雕刻的纹样。其题材应根据需要选择好。

（2）耕。在砖面上，用最细的钻子沿画面的笔迹线细细地走一遍叫"耕"。耕的目的是防止笔迹线在雕刻的过程中被涂抹掉。

（3）钉窟窿。是将形象以外的部分钉除，钉出图案纹样的轮廓，钉孔的深度为 2.5cm。

（4）见细。见细又可称捅道，是将图案中细微的部分雕刻清晰。

2. 墁砖

墁砖首先是把已夯好的路基表面耙松、找平，然后按下列程序墁砖：

（1）样趟。样趟是在牙子砖的外面，先坐灰泥（4:6 的白灰和土），然后摆砖。并用蹾锤轻轻拍打，目的是检查坐灰的高度是否达到表面平顺，与灰泥结合得是否密实，砖缝是否对得严整。

（2）揭趟。是将墁好的砖再揭起来，在不合格的砖上作好记号，并重新调整好，按次序排好，以便对号入座。

（3）铺面层。在找平的灰泥土上泼洒白灰浆，俗称"坐浆"。同时用麻刷蘸水将砖的侧面刷湿，在砖的里口抹上油灰。

传统方法是用桐油、白灰、青灰、白面调制而成。现在常用 3:2:0.5:2 的水泥、耐火土、桐油加水调配而成按原位置将砖墁好。

3. 栽卵石

在墁好的砖上，在钉出的花饰空白的地方抹上油灰（或水泥），按设计纹样的要求栽上石子。选石子时，卵石的色彩对比要强烈，石子要排齐码顺，拍打平整。最后用生灰粉面将表面的油灰揉搓清扫干净，或用草酸刷洗干净，用湿麻袋盖好，养护数日见图 7-19。

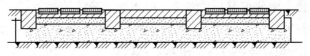

图 7-19　雕砖卵石嵌花路结构图

第八章

栽 植 与 种 植

第一节 树木、花卉、花坛

一、园林树木分类与种植地区

园林树木是指一切可供园林绿化应用的木本植物，包括各种乔木、灌木、木质藤木和竹类等。

根据树木在园林绿化中的应用，园林树木可分为行道树类、绿荫树类、丛林类、绿篱类、孤植树类、花灌木类及垂直绿化类等。

1. 适用生态环保树类

生态环保类树种主要作用是水土保持、护坡，作为地被、防二次扬尘作用。其生长及生态习性应是对环境适应性强，对水、肥要求不严，耐粗放管理。华北地区常用树种有：火炬树、紫穗槐、雪柳、刺槐、榆树、构树、地锦、五叶地锦等。江南地区常用树种有：栾树、椿树、珊瑚树、柿树、江南桤木、杂交杨、毛泡桐、铺地柏、绣线菊、倭海棠、矮紫薇、花叶蔓常春花、小叶扶芳藤、五叶地锦、三叶地锦、紫叶金银花、伞房决明等。岭南地区典型的树种：银合欢、桉树、台湾相思、大叶相思、香根草、野葛、山毛豆等。

2. 行道树类

行道树是指列植于道路系统两侧树木的总称，包括公路、铁路、城市街道、园路及住宅区等道路绿化的树木。行道树的栽植，不论在城市或村镇都具有十分重要的意义。

（1）行道树种选择原则如下：

1）生长迅速，分枝点高适应性强，分枝点高，不妨碍车辆通行。

2）萌芽性强，耐修剪整形，冬季落叶迟而且延续期短。

3）树冠整齐匀称，姿态优美，树干通直，根际不滋生新枝，便于庇荫；寿命较长，对烟尘、风害、病虫害及水旱灾害抗性强。

4）无刺，深根性，花果无毒，无臭气，不污染环境或招致虫蝇；种苗来源丰富，尽量选用适应性强、移植易成活大苗。

（2）行道树树种选择条件。行道树是城市道路绿化骨干，因其所处环境特殊，对其要求也较高。

路树标准应归结为：

1）对道路环境适应性强，保存率高；

2）冠大荫浓；

3）具有一定观赏性。

三项中关键是第一项保存率问题。路树的保存率应达到十年内应不低于95%。保存率受以下条件制约：

1）适应土壤条件。路树应选适合当地土壤化学性质的树种，如酸碱性、盐分浓度等。

2）适应气候条件。路树应考虑树种对当地气候条件适应性，如温度、湿度等。

3）深根性树种适用，浅根性不适用。刺槐作为路树，曾一直在沿用，但最终结果是树干东倒西歪，树根横向乱窜，给市政管理带来很多麻烦。

4）选择无污染、树型又好的树种（雄株）。路树种植在某地区相对集中，又亲近人群，所以应选择无污染而树形及长势又好的树种。银杏的果实味臭，应选雄株。白蜡应选雄株树形好。臭椿为杂性异株，应选择雄株无性系，如千头椿。法桐为雌雄同株，球果纤毛污染环境，应选少球的单株无性系变种。

5）无毁灭性病虫害。病虫害是导致保存率降低的主要因素，尤其是毁灭性、难以控制的病虫害。易受蛀干害虫危害的树种，如元宝枫、柳树等，由于路树土壤环境硬实、不透气，树势削弱后很容易导致蛀干害虫严重危害。

（3）常选用的行道树按地区种植划分：

1）华北地区：银杏、泡桐、杨树类、柳树、国槐、白蜡、栾树、千头椿类等。

2）江南地区：青桐、银杏、马褂木、悬铃木、合欢、栾树、枫香、榉树、香樟、广玉兰、乐昌含笑、杜英、无患子等。

3）岭南地区：大王椰、假槟榔、复羽叶栾树、大叶相思、海南红豆、秋枫、假苹婆、石栗、尾叶桉、大叶桉、雨树、小叶榕、大叶榕、高山榕、垂榕、白兰、非洲桃花心、白千层、人面子、芒果、扁桃、红花紫荆、洋紫荆、羊蹄甲、海南蒲桃、非洲榄仁、榄仁树、阿江榄仁、莫氏榄仁、大叶紫薇、椰子等。

（4）常用的行道树种按种类划分为常绿树种、落叶树种、单子叶树种三大类。

1）常绿树种：榕树、桉树、樟树、广玉兰、珊瑚树、木麻黄、杨梅、女贞等。

2）落叶树种：悬铃木、杨树、槐树、重阳木、合欢、三角枫、复叶槭、乌桕、喜树、银杏、薄壳山核桃、栾树、泡桐、枫杨、白腊树、鹅掌楸、七叶树、榉树、水杉、池杉等。

3）单子叶树种：棕榈、椰子、蒲葵等。

（5）栽植要点。

1）定干高度。在交通干道上栽植的行道树要考虑到车辆通行时对净空高度的要求，并为公共交通创造靠边停驶接送乘客的方便，定干高度不宜低于 3.5m，通行双层大巴的交通街道的行道树定干高度还要相应提高。非机动车和人行道之间的行道树考虑到行人来往通行的需要，定干高度不宜低于 2.5mm。

2）定植株距。行道树定植株距，应根据行道树树种壮年期冠幅和生长速度确定，最小种植株距应为 4.0m；速生树不得小于 5～6m，慢生树不得小于 6～8m。

3）定植配置方式，最常用的配置方式有树池式和栽植带式两大类。

① 树池式。在人行道狭窄或行人过多的街道上多采用树池种植行道树。树池形状一般为矩形，其边长一般不小于 1.5m，长方形树池短边一般不小于 1.2m；正方形和长方形树池因较易和道路及建筑物取得协调，故应用较多。圆形树池则常用于道路圆弧转弯处。

一般把树池周边做出高于人行道路面以防止行人踩踏池土，保证行道树正常生长，或者与人行道高度持平并上盖池盖以减少行人对池土的踩踏，或为增加透气效果，植以地被草坪或散置石子于池中。另外，池盖属于人行道路面铺装材料的一部分，可以增加人行道的有效宽度，减少裸露土壤，美化街景。

② 栽植带式。栽植带是在人行道和车行道之间留出一条不加铺装的种植带。栽植带宽度最低不小于 1.5m，除栽植一行乔木用来遮阴外，在行道树之间还可以种植花灌木和地被植物，以及在乔木与铺装带之间种植绿篱来增强防护效果。

宽度为 2.5m 的栽植带可栽植一行乔木，并在靠近车行道一侧栽植一行绿篱；5m 宽的种植带则可交错栽植两行乔木，靠近车行道一侧以防护为主，靠近人行道一侧则以观赏为主。中间空地可栽植花灌木、花卉及其他地被植物。

3. 孤植树类

在园林中为了庇荫或艺术构图上的需要，常有两种孤植树的配置：一为庇荫用的孤植树，其选用树种的原则，已在庭荫树一项述及；二为艺术构图上的需要，常以孤植树作为局部主景或焦点。

以遮阴为主要目的的树木，又称绿荫树、庇荫树。早期多在庭院中孤植或对植以遮蔽烈日、创造舒适、凉爽的环境。后发展到栽植于园林绿地以及风景名胜区等远离庭院的地方。

（1）下面是选择树种的要求：

1）生长健壮、树冠高大、枝密叶茂荫浓。

2）荫质良好、荫幅大。

3）无不良气味、无毒。

4）少病虫害。

5）根蘖较少，且生长较快、适应性强、管理简易、寿命较长。

6）树形成花果有较高的观赏价值。

（2）适宜作孤植树的树种。适宜作孤植树的树种有雪松、罗汉松、七叶树、鹅掌楸、紫薇、白玉兰、广玉兰、紫叶李、乌桕、石楠、柳杉、白皮松、鸡爪槭、元宝枫、银杏、樱花、槐树、合欢、海棠、碧桃、梅花等。

4. 园景树种类

常用的园景树种有垂柳、七叶树、悬铃木、枫杨、槐、樱花、紫叶李、西府海棠、垂丝海棠、雪松、油松、白皮松、合欢、栾树、元宝枫等。

5. 丛林类

丛林类泛指适于风景区及大型园林绿化地中成丛或成片种植，以构成群丛或树林之美的树木。丛林类树种，要求主干和树冠均较发达，适应性或抗逆性一般较强。

在庭园中多用于配置疏林、树群，或作背景、障景用。在创造山林自然风光和幽静环境时尤不可少，世界四大公园树种——雪松、金松、金钱松、南洋杉均属本类。

丛林类树种中有针叶树种和阔叶树种两大类，如水杉、池杉、水松、金钱松、落羽杉、香樟、广玉兰、木荷、榆、白杨、麻栎、刺槐、雪松、桧柏、柳杉、白皮松、黑松、黄山松、赤松等。

6. 篱垣类

篱垣又称绿篱、植篱或树篱，其功能与作用是划分范围和防范，或用来分隔空间和作为屏障以及美化环境等。

（1）树种要求。

1）耐整形修剪，萌发性强，分枝丛生，枝叶茂密。

2）能耐阴、耐寒。

3）外界机械损伤抗性强；能耐密植，生长力强。

（2）篱垣的分类。

1）按高度分为高篱（1.2m以上）、中篱（1～1.2m）和矮篱（0.4m左右）。

2）按树种习性分为常绿绿篱和落叶绿篱。

3）按形式分为自然式和规则式。

4）按观赏性质分为花篱、绿篱、彩叶篱、刺篱等。

篱垣通常都是双行带状密植，并严格按照设计意图勤加修剪，可成各种式样，以求整齐、美观，即为整形式绿篱。但是对于花篱、绿篱、彩叶篱、刺篱等，一般不作重修剪，只是处理个别枝条，勿使伸展过远，并注意保持必要的密度，即可任其生长，成为自然式绿篱。

（3）花篱、绿篱、彩叶篱、刺篱各地区种植树种。

1）常用绿篱：

① 华北地区：桧柏、侧柏、大叶黄杨、锦熟黄杨等。

② 江南地区：大叶黄杨、狭叶十大功劳、小叶女贞、石楠、光叶石楠（珊瑚树）、四季桂、小蜡、水蜡、雀舌黄杨、瓜子黄杨等。

③ 岭南地区：福建茶、山指甲、九里香等。

2）常用彩叶篱：

① 北京地区：红叶小檗、金叶女贞等。

② 江南地区：金叶女贞、红叶石楠、金边黄杨、金叶瓜子黄杨等。

③ 岭南地区：红花檵木、金露花、各种变叶木、银姬小蜡树、斑叶假连翘等。

3）常用花篱：

① 华北地区：矮生木槿、绣线菊类、棣棠、锦带花类等。

② 江南地区：木槿、木芙蓉、倭海棠、大花栀子、棣棠、金钟花等。

③ 岭南地区：各种龙船花、红花檵木、小叶米兰、茉莉、栀子、铁海棠等。

4）常用刺篱：

① 华北地区：花椒、枸橘等。

② 江南地区：枸骨、野蔷薇、十大功劳等。

③ 岭南地区：各种叶子花、仙人藤、虎刺、大花假虎刺、铁海棠等。

（4）景观应用。篱垣在现代园林中应用日益广泛，其作用主要在间隔防护范围和装饰园景等方面。铁栏木栅是住户周围的常见设施，具有隔离与防范作用。绿篱则是利用绿色植物组成生命的、可以不断生长壮大的、富有田园气息的篱笆。除防护作用外还有装饰园景、分隔空间、屏障视线、遮栏疵点或小品等作用。

7. 花灌木类

花灌木以观花为主，造型多样、生机盎然，能创造出五彩缤纷的景色，是园林景观重要的组成部分。花灌木使用量大，种类很多，是香化、美化、彩化的重要素材，其应用广泛，观赏价值高。

（1）景观应用。配置于行道树、庭荫树、丛林等景观树下或于树前作为装点；或配置于庭院中，组成相应的组合利于不同季节观花观果；或制作成其他形状点缀于草坪、庭院中。如各种类、规格的黄杨球点缀于草坪、庭院，效果极佳。

（2）花灌木树型种类。花灌木树型可分为：

1）大型灌木类，如丁香、珍珠梅、黄刺玫、金银木等；

2）中型灌木类，如紫薇、紫荆、木香、棣棠等；

3）小型灌木类，如月季、郁李、小檗等。

8. 适用木本地被类

木本地被要求生长低矮、枝条细密、覆盖地面的木本植物材料，常用于复层结构种植。常用的木本地被分为三类。

（1）匍匐型小灌木。匍匐型小灌木即生长低矮、枝条横向生长的灌木。

华北地区：平枝栒子、沙地柏、偃柏等。

江南地区：铺地柏、高山柏、水栀子、紫金牛、龟甲冬青、金丝桃、倭海棠、大花六道木、杜鹃等。

岭南地区：叶子花、铺地榕、马樱丹、蔓马樱丹、锡兰叶下珠等。

（2）藤木类。

华北地区：地锦、美国地锦、小叶扶芳藤、金银花等。

江南地区：常春藤、花叶蔓常春花、洋常春藤、小叶扶芳藤、地锦、美国地锦等。

岭南地区：异叶爬山虎、金银花、蔓马樱丹、山蒌、假蒌等。

（3）用于地被的竹类。

华北地区：阔叶箬竹、箬竹等。

江南地区：菲白竹、菲黄竹、大叶箬竹、鹅毛竹、铺地竹、凤尾竹、赤竹等。

岭南地区：观音竹、菲黄竹、菲白竹等。

9. 垂直绿化类

垂直绿化又叫立体绿化，是为了充分利用空间，在墙壁、阳台、窗台、屋顶、棚架等处栽种的攀缘植物，以增加绿化覆盖率，改善居住环境。垂直绿化在克服城市家庭绿化面积不足，改善环境等方面有独特的作用。

（1）垂直绿化植物种类。

1）缠绕类：适用于栏杆、棚架等，如紫藤、金银花等。

2）攀缘类：适用于篱墙、棚架和垂挂等，如葡萄、铁线莲等。

3）钩刺类：适用于栏杆、篱墙和棚架等，如蔷薇、爬蔓月季、木香等。

4）攀附类：适用于墙面等，如爬山虎、扶芳藤、常春藤等。

（2）垂直绿化植物造景。垂直绿化要考虑其周围的环境进行合理配置，在色彩和空间大小、形式上协调一致，并努力实现品种丰富、形式多样的综合景观效果。

草、木本混合播种，丰富季相变化，远近期结合，开花品种与常绿品种相结合。依照品种丰富、形式多样的原则配置。常用的形式，见表8-1。

表8-1　　　　　　　　垂直绿化常用形式

形　式	解　释	实　例
花境式	几种植物错落配置，观花植物中穿插观叶植物，呈现植物株形、姿态、叶色、花期各异的观赏景致	大片地锦中有几块爬蔓月季，杠柳中有茑萝、牵牛等
点缀式	以观叶植物为主，点缀观花植物，实现色彩丰富的效果	地锦中点缀凌霄；紫藤中点缀牵牛

形　式	解　释	实　例
悬挂式	在攀缘植物覆盖的墙体上悬挂花木，丰富色彩，增加立体美的效果。需用钢筋焊铸花盆套架，用螺栓固定，托架形式应讲究艺术构图，花盆套圈负荷不宜过重，应选择适应性强、管理粗放、见效快、浅根性的观花观叶品种。布置要简洁、灵活、多样，富有特色	盆栽花灌小球中配以早小菊，紫叶草、红鸡冠、石竹等
垂吊式	自立交桥顶、墙顶或平屋檐口处，放置种植槽，种植花色艳丽或叶色多彩、飘逸的下垂植物，让枝蔓垂吊于外，既充分利用了空间，又美化了环境。材料可用单一品种，也可用季相不同的多种植物混栽	用木本的凌霄、木香、蔷薇、紫藤、地锦等，配以草本的菜豆、牵牛花等。容器底部应有排水孔，式样轻巧、牢固，不怕风雨侵袭
整齐式	体现有规则的重复韵律和同一的整体美，成线成片，但花期和花色不同	红色与白色的爬蔓月季、蔷薇等。应力求在花色的布局上达到艺术化，创造美的效果

（3）垂直绿化植物的室外布置。

1）墙面绿化。泛指用攀缘植物装饰建筑物外墙和各种围墙的一种立体绿化形式。适于作为墙面绿化的植物，一般是茎节有气生根或吸盘的攀缘植物，其品种很多。如爬山虎、扶芳藤、凌霄等。墙面绿化植物配置形式有两种：一是规则式；二是自然式。

各地区墙面绿化常用的绿化植物材料：

① 华北地区：中国地锦、美国地锦、小叶扶芳藤、大叶扶芳藤、常春藤、美国凌霄等。

② 江南地区：爬藤榕、小叶扶芳藤、大叶扶芳藤、三叶地锦、五叶地锦、络石、薜荔、常春藤、凌霄等。

③ 岭南地区：异叶爬山虎、青龙藤、猫爪藤、中国凌霄、美国凌霄、络石、石楠藤等。

2）棚架绿化。指攀缘植物在一定空间范围内，借助于各种形式、各种构件构成的（如花门、绿亭、花榭等）生长并组成景观的一种垂直绿化形式。棚架绿化的植物布置与棚架的功能和结构有关。例如，观赏型的棚架则选用开花观叶、观果的植物。

各地区棚架绿化常用的绿化植物材料：

① 华北地区：紫藤、南蛇藤、杠柳、金银花、山荞麦、葡萄等。

② 江南地区：藤本蔷薇、黄木香、凌霄、紫藤、葡萄、南蛇藤、铁线莲、金银花等。

③ 岭南地区：何首乌、大花老鸦嘴、翼叶老鸦嘴、山银花、珊瑚藤、禾雀花、使君子、鸡蛋果、珠帘藤、金杯花等。

3）绿篱和栅栏绿化。指攀缘植物借助于各种构件生长，用以划分空间地域的绿化形式。主要是起到分隔庭院和防护的作用。一般选用开花、常绿的攀缘植物最好，如爬蔓月季、蔷薇类等。栽植的间距以 1～2m 为宜。若是临时作为围墙栏杆，栽植距离可适当加大。

各地区绿篱和栅栏绿化常用的绿化植物材料：

① 华北地区、江南地区：蔷薇、藤本月季等。

② 岭南地区：各种叶子花、七姐妹、仙人藤、虎刺、大花假虎刺、铁海棠等。

4）护坡绿化。指用各种植物材料，对具有一定落差坡面起到保护作用的一种绿化形式，包括大自然的悬崖峭壁、土坡岩面以及城市道路两旁的坡地、堤岸、桥梁护坡和公园中的假山等。因坡地的种类不同而要求不同。河、湖护坡要面临水空间开阔的特点，选择耐湿、抗风的植物。道路、桥梁两侧坡地绿化应选择吸尘、防噪、抗污染姿态优美的植物且要求不得影响行人及车辆安全。

5）阳台绿化。指利用各种植物材料，包括攀缘植物，把阳台装饰起来。阳台绿化是建筑和街景绿化的组成部分，也是居住空间的扩大部分。不仅有绿化建筑，美化城市的效果，又有居住者的个体爱好，还有阳台结构特点。

阳台的植物选择要注意：

① 选择抗旱性强、管理粗放、水平根系发达的浅根性植物，及一些中小型草本、木本攀缘植物或花木；

② 根据建筑墙面和周围环境相协调的原则来布置阳台，除攀缘植物外，可选择居住者爱好的各种花木；

③ 适于阳台栽植。

植物材料有地锦、爬蔓月季、金银花等木本植物；牵牛花、丝瓜等草本植物。

10. 竹类

竹类植物属于禾本科竹亚科，是一类再生性很强的植物。用地下茎（竹鞭）分株繁殖，靠竹笋长成新竹，成林速度快，成林后竹林寿命长，可在百年甚至数百年不断调整竹株，以确保新竹青翠强壮。园林配置时对其密度、粗度、高度均可人工控制。竹类是体现我国园林特色的常用树种，也是现代园林常用的优良素材。

全国可分三个竹区：

（1）黄河—长江竹区。相当于北纬 30°～37° 之间；主要竹种为散生毛竹、刚竹、淡竹、桂竹、毛金竹、水竹、紫竹及其他变种。混生型竹种有苦竹、箬竹、箭竹。渭河平原南部以及太行山东南麓有大面积竹林存在，是北方竹子生产基地。

（2）长江—南岭竹区。本区为散生竹、丛生竹混合区。散生竹有毛竹、刚竹、淡竹、桂竹、水竹、哺鸡竹等；丛生竹有慈竹、料慈竹、凤凰竹等；混生竹种有苦竹、箬竹等。是毛竹中心产区。一般在山区和偏北部分主要是散生竹种和混生竹种，而在偏南的平原地区，则丛生竹种较多。

（3）华南竹区。本区以丛生竹为主。主要竹种箣竹属有青皮竹、撑篙竹、大眼竹、茶秆竹。还有单竹属、慈竹属。村前屋后都有丛生竹林，海拔较高地方有大面积散生竹种和混生竹种。

华北地区应从黄河流域引种竹源。北京地区引种多年的竹种主要为早园竹和箬竹，其次为淡竹、黄金间碧玉、黄槽竹、紫竹等。

二、园林花卉分类与种植地区

1. 花卉分类

花卉有狭义和广义之分：狭义的花卉仅指草本的观花植物和观叶植物；广义的花卉指凡是具有一定观赏价值，并经过一定技艺进行栽培与养护的植物。花卉种类繁多，习性各异，有多种分类方法。

花卉根据生活周期和地下形态特征可分为一二年生花卉、宿根花卉、球根花卉、水生花卉、木本花卉。

（1）一二年生花卉。在一二年内完成全部生活史的花卉，称为一二年生花卉。即从播种、营养生长，到开花、结实，即死亡，都在一二年内完成一个生命周期，下一个生命周期仍从种子萌芽开始。

1）一年生花卉生长习性和用法。一年生花卉喜温暖，不耐冬季严寒，大多不能忍受0℃以下的低温，生长发育主要在无霜期进行。通常情况下，春播秋实，又叫春播花卉。

一年生花卉的原产地大多数在热带、亚热带地区，性喜高温，遇霜冻即枯死，如常见的鸡冠花、百日草、中国凤仙、翠菊等。一年生花卉常常用于"十一"国庆节的花坛布置。

2）二年生花卉生长习性和用法。在跨度两年内完成其生活史的花卉，称为二年生花卉。通常二年生花卉在秋季播种，当年只进行营养生长，第二年春夏季开花、结实、死亡。

因其在秋季播种，次年夏季来临之前开花结实，因此二年生花卉又称为秋播花卉。如金盏菊、金鱼草等。这类花卉大多原产于温带，在生长发育阶段喜欢较低的温度，幼苗能够忍耐-4℃或-5℃的低温，对夏季高温的抵抗力却很差。二年生花卉常用于"五一"节的花坛布置。

3）多年生代替一年生使用。一些原产于热带、亚热带的花卉，在原产地能够存活两年以上，但在温带、寒带则不能露地越冬，因此常常作为一二年生花卉栽培。如雏菊、矮牵牛、一串红、三色堇等。

一年生花卉和二年生花卉的种类繁多，同一种花卉往往又有很多的品种和类型，它们的表现各不相同。

一二年生花卉大都以种子繁殖，栽培管理简单，对土壤要求不严，在排水良好的土壤上生长更为健壮。因为一二年生花卉只在生长季节应用，所以一般可以不考虑其抗寒性。

（2）宿根花卉。

1）宿根花卉生长习性。宿根花卉为多年生草本花卉，是指植物体能够存活两年以上，地下部分根茎发育正常、无变态的草本花卉。宿根花卉一般表现有较强的耐寒性，耐寒的表现是，在低温条件下休眠，茎叶枯死，根茎生长点在土壤中仍然保持活力，春季气候适宜条件下重新萌发，开始下一个生命周期。如此反复，可以多年开花。宿根花卉由于多数品种的雌雄蕊瓣化而不结实，或种子不育，因此大部分宿根花卉都以分株繁殖为主。凡属早春开花的种类，往往适宜在秋季或初冬进行分根，如芍药、荷包牡丹、鸢尾等；而夏秋开花的种类则多在早春萌动前进行分株，如桔梗、萱草、八宝景天等。有的种类也可以在营养生长期掰取茎上的腋芽或嫩茎进行扦插繁殖。有的种类也可以采用播种繁殖，但若没有特殊制种技术则不能保证繁殖苗原有优良品种的观赏性。播种苗常作砧木使用。播种法也常用来进行品种杂交选优。

2）宿根花卉的主要生长特点是生命力强，多年生。一次栽植后可以多年观赏，管理简单，成本低。关键是加强越冬管理，保护好根茎生长点，以利于翌年再生；种类多，品种多，园林用途广泛。宿根花卉种类繁多，形态各异，可以用作花境、花坛、花带、花丛，用于美化环境。植株低矮，高度一致，密集生长的特点，又是改善生态环境，作为地被植物的很好选材；生态类型多。依据宿根花卉对不同生态环境的适应，可以将其分为多种类型，如耐旱型、耐湿型、耐阴型及耐瘠薄型等，因此可以有选择地用于不同环境的美化和绿化；有自播繁衍的生长特点。许多宿根花卉能利用自身种子自行繁衍，可以省去人工繁殖成本；由于在原地宿根生长时间较长，蘖芽分生过多，影响了单株的生存空间，应适时分株，进行更新复壮。有些花卉存在重茬问题，如小菊类宿根花卉应在1～2年后进行移栽换土。

（3）球根花卉。

1）球根花卉生长习性。根茎变态膨大成球块状的多年生草本花卉称之为球根花卉。凡是生长期能在露地过冬的称为露地球根花卉（在华北地区部分球根花卉仍需要入冬前将球根挖起，置于室内越冬的也属于此类）。

球根花卉的生长习性不同，栽植时间也有所区别，一般分为两种类型。

凡是春季栽植于露地，夏季开花、结实，秋季气温下降时，地上部分即停止生长并逐渐枯萎，地下部分进入休眠状态者，称为春植球根花卉，如美人蕉、唐菖蒲等。春植球根花卉的原产地大多在热带、亚热带地区，故生长季节要求高温环境，其耐寒力较弱。

凡是秋季栽植于露地，其根茎部在冷凉条件下生长，并度过一个寒冷冬天，翌年春天再逐渐发芽、生长、开花者，称为秋植球根花卉，如百合、郁金香等。这类球根花卉的原产地大多为温带地区，因此耐寒力较强，却不适应炎热的夏季。

2）球根花卉种类。球根花卉与宿根花卉的区别在于球根花卉地下部分有各种变态根茎。这些变态根茎根据形态不同，可以分为球茎、块茎、根茎、鳞茎、块根五种类型。前四者为茎变态，后者为根变态。

① 块茎。为变形的地下茎，外形不整齐，块茎内贮藏着大量养分，其顶端存在的芽于翌年萌生新苗。如仙客来、球根海棠、白头翁、晚香玉等。大部分有块茎的种类其块茎为多年生，虽然顶端有多数发芽点，但自然分球繁殖力很小，因此常常采用播种繁殖为主，此外晚香玉是鳞茎状块茎，其上部具有鳞片状茎，但着生在一块较大的块茎上，因此通常仍将其划为块茎类。

② 根茎。稍带水平发育的膨大的地下茎，其内贮藏着养分。在地下茎的先端或节间生芽，翌年萌生出叶及花茎，其下方则生根。根茎上有节及节间，每节上也可以发生侧芽，如此可以分生出更多的植株，而原有的老根茎逐渐萎缩死亡，如美人蕉、荷花等。

③ 鳞茎。茎部短呈圆盘状，上部有肥厚的鳞片状的变态叶，鳞片叶内贮藏着丰富的养分供植物初期生长用。其圆盘茎的下部发生多数须根，由鳞片间萌生叶及花茎。如郁金香、百合、水仙等。

④ 球茎。为变形的地下茎，呈扁球状，较大，其上有节，节上有芽，由芽萌生新植株。当植株开花后，球茎的养分耗尽逐渐枯萎，新植株增生新球茎。如唐菖蒲、小苍兰等。

⑤ 块根。地下部为肥大的根，无芽，繁殖时必须保留旧的茎基部分，又称根冠。次年春天在根冠四周萌发出许多嫩芽，利用新萌生的嫩芽，用掰取的芽进行扦插繁殖。或将芽和块根的一部分切下，进行分株繁殖。如大丽花、花毛茛等。

（4）水生花卉。

1）水生花卉生长习性。在水中或亲水湿地生长的多年生或球根花卉称为水生花卉。如荷花、睡莲、千屈菜、水葱等。水生花卉大多为草本花卉。

水生花卉适生水的深度要根据具体的花卉种类而定，挺水、浮水植物通常生长在60～100cm的水中，或更浅些。水越深则水中氧气的含量越少，水越深水温越低，对水生植物的生长不利。千屈菜、水葱等在临水沼泽即可生长。

水生花卉的繁殖多以分根法为主，很少采用播种法。一些耐寒种类则可以在水中越冬，而半耐寒的种类则每到秋后或结冰前提高水位，使根部在冰层下越冬，若少量栽植则可以挖出后在不结冰的温室越冬，甚至终年都在温室生长。

2）水生花卉分类。根据其生长特点，可以将水生花卉分为以下几种：

① 挺水植物，其根生植于泥土中，茎叶挺出水面，如荷花、水生鸢尾等。

② 浮水植物，其根生于泥土中，叶片浮于水中或略高于水面，如睡莲、

王莲等。

③ 沉水植物，根生于泥土中，茎叶全部生长在水中。

④ 漂浮植物，根生长在水中，叶片漂浮在水面，可以随水流动。沉水的及漂浮类不能作为园林植物应用。

（5）木本花卉。具有木质化的茎、干，且株形低矮、枝条瘦弱，可以作盆栽观赏的花灌木类，在花卉行业称为木本花卉。木本花卉为多年生花卉，寿命很长，可以用作庭院绿化及盆栽观赏。如牡丹、月季、腊梅、丁香等。

木本花卉可以采用播种、扦插、嫁接、压条等方法繁殖。露地木本花卉的耐寒性通常较强，一些热带、暖温带引种到华北寒冷地区的木本花卉耐寒性较差。尤其是小苗和刚移植 2～3 年的苗木，冬季必须进行防寒处理，或栽植到楼前区小气候好的环境中。

2. 各地区常用花卉

（1）华北地区常用花卉见表 8-2。

表 8-2　　　　华 北 地 区 常 用 花 卉

分类	名称	高度（cm）	特　性
一二年生花卉	鸡冠花	20～60	花期 7～10 月，花色丰富
	金盏菊	25～60	花期 4～6 月，花黄、橙、乳白色
	百日草	50～90	花期 6～9 月，花白、黄、红、紫色等
	千日红	20～60	花期 7～10 月，花紫红、白、粉色
	一串红	50～80	花期 5～7 月或 7～10 月，花红色，有一串白、一串紫变种
	孔雀草	20～40	花期 6～10，花黄、橙色
	万寿菊	60～90	花期 6～10 月，花黄、橙色
	银边翠	50～100	梢叶白或镶白边
	雁来红	100～150	入秋顶叶红、黄、橙色
	五色苋	10 左右	叶绿色或红褐色
	金鱼草	15～120	花期 3～6 月，花色丰富
	紫茉莉	60～100	花期夏秋，花红、橙、黄、白色等
	半支莲	10～15	花期 7～8 月，花色丰富
	三色堇	10～30	花期 4～6 月，花色丰富
	牵牛花	300	花期 7～9 月，一年生缠绕草本，花色丰富
	矮牵牛	20～60	花期 6～9 月，华北地区除冬季外，可三季有花，花色丰富
	美女樱	15～50	花期 6～9 月，花白、粉、红、紫色等
	锦团石竹	20～30	花期 5～9 月，花色丰富

分类	名称	高度（cm）	特　性
宿根花卉	火炬花	50～60	花期6～10月，花红、黄色
	马蔺	30～60	花期5～6月，花堇蓝色
	德国鸢尾	40～60	花期4～5月，花紫或淡紫色
	鸢尾	30～40	花期5月，花白、蓝紫色
	紫萼	30～40	花期6～8月，花淡紫色
	玉簪	30～40	花期6～7月，花白色
	萱草	30～80	花期6～7月，花黄、橘黄、橘红、红色
	桔梗	30～100	花期6～9月，花蓝、白色
	随意草	60～120	花期7～9月，花白、粉紫色
	宿根福禄考	60～120	花期7～8月，花色丰富
	银叶菊	15～40	叶银白色
	菊花	60～150	花期10～11月，花色丰富
	八宝景天	30～50	花期7～9月，花淡红色
	荷包牡丹	30～60	花期4～5月，花白、粉红色
	芍药	60～120	花期4～5月，花色丰富
球根花卉	大丽花	30～120	花期6～10月，花色丰富
	美人蕉	70～150	花期6～10月，花深红、橙红、黄、粉、乳白色等
	蛇鞭草	60～200	花期7～9月，花紫红色
	喇叭水仙	30～50	花期3～4月，花黄或淡黄色
	卷丹	50～150	花期7～8月，花橘红色
	葡萄风信子	20～30	花期3～5月，花蓝色
水生花卉	芦苇	100～300	观茎叶
	香蒲	150～350	花期5～7月，花浅褐色，观茎叶
	荇菜	漂浮植物	花期6～8月，花鲜黄色
	慈菇	100	花期7～9月，花白色，观叶为主
	水葱	60～120	观叶，观赏期5～10月
	芡实	浮水植物	观叶，观赏期6～10月
	凤眼莲	漂浮植物	花期7～9月，花堇紫色
	千屈菜	30～100	花期7～9月，花紫红色
	菖蒲	60～80	花期7～9月，花黄绿色
	睡莲	浮水植物	花期6～9月，花色丰富
	荷花	100	花期6～9月，花色红、粉红、白、乳白、黄色

（2）江南地区常用花卉见表8-3。

表8-3　　　　　　　　　　　江南地区常用花卉

分类	名称	高度（cm）	特　性
一二年生花卉	三色堇	10～20	花期2～5月，花色丰富，有紫、黄、红、白、复色等
	茑萝	200～700	花期5～8月，一年生缠绕草本，花红、粉、白色
	矮牵牛	20～40	花期5～8月，花色有蓝、紫、红色，并带有白条
	美女樱	15～50	花期4～10月，花紫、红、粉、白、蓝色等
	石竹	20～40	花期4～6月，花紫、红、粉、白色等
	凤仙花	20～40	花期7～8月，花玫红、红、粉、白色
	一串红	30～80	花期7～10月，花鲜红色，有白、蓝色变种
	千日红	20～60	花期7～10月，花紫红、粉色、浅黄、浅红、白色
	波斯菊	50～140	花期9～10月，花粉红、玫瑰红、紫红、蓝紫、白色
	孔雀草	20～40	花期7～8月，花黄、橙、褐色
	百日草	40～70	花期5～8月，花紫、红、橙、黄、粉、白色等
	鸡冠花	20～40	花期7～10月，花玫红、红、黄色
	万寿菊	40～70	花期7～8月，花黄、橙色
	金盏菊	<20	花期2～5月，花黄、橙色
	矮雪轮	20～30	花期4～6月，花色较多，有白、淡紫、浅粉、玫瑰色等
	福禄考	15～45	花期2～9月，花色有大红、桃红、玫瑰红、蓝紫、纯白色等
	金鱼草	20～90	花期5～6月，花色有白、淡红、深红、深黄、浅黄、黄橙色等
	二月兰	20～70	花期2～5月，花淡蓝、蓝紫或淡红色，少量白色
	蓝亚麻	30～40	花期5～8月，花色浅蓝
	须苞石竹	30～60	花期5～10月，花色有红、白、紫、深红色等
	黄帝菊	30～50	花期4～9月，舌状花金黄色，管状花黄褐色
	麦秆菊	50～120	花期7～9月，花色有黄、橙、红、粉、白色
	红绿草	5～15	观赏9～10月，叶色深红或中绿色
	蜀葵	100～200	花期6～7月，花紫、红、粉、黄、白、复色等，花色丰富
	雁来红	20～50	观赏期8～10月，叶色深红、红白相间
	紫苏	20～50	观赏期5～8月，叶色紫红
	飞燕草	40～120	花期5～6月，花紫、红、青、白色
	半支莲	10～15	花期7～8月，花色丰富，有紫、玫、粉、黄、白、复色等
	金鱼草	20～40	花期4～6月，花色丰富
	地肤	50～150	观赏期7～8月，叶色嫩绿

续表

分类	名称	高度（cm）	特　性
一二年生花卉	雁来红	40～100	观赏期9～10月，入秋顶叶红、黄、橙色
	彩叶草	40～60	观赏期7～10月，叶色丰富，有红绿黄褐等色及一叶多色，品种众多
	夏堇	20～30	花期7～10月，花紫青、桃红、蓝、紫、深桃红及紫色等，花冠杂色
	长春花	20～40	花期5～9月，花色有白、紫红色等
	旱金莲	30～50	花期2～3月、7～9月，花色有紫红、红、粉红、橙、橘黄、黄、乳白及复色
宿根花卉	蜀葵	100～200	花期6～7月，花色有紫、红、粉、黄、白、复色等，花色丰富
	天竺葵	15～50	花期3～11月，花色有紫、红、粉、橙、黄、白、复色等，花色丰富
	常夏石竹	10～40	花期5～11月，花色有红、粉、白、复色
	毛地黄	60～120	花期4～6月，花冠有粉、白、紫红色，内面具有斑点
	蛇鞭菊	100～150	花期7～8月，花色有淡紫、粉、白色
	剪夏罗	50～80	花期7～8月，花色淡橙红色
	马薄荷	70～100	花期6～9月，花红色
	火炬花	80～120	花期6～7月，花圆筒形，上部深红、橘红色、下部黄色
	随意草	60～120	花期7～9月，花色有紫、红、粉、白色
	金叶过路黄	10～15	花期5～7月，花黄色；观叶期3～11月，叶片金黄色，冬季呈红褐色
	石菖蒲	30～40	花期5～7月，花淡黄绿色
	吉祥草	10～40	花期10～11月，花淡紫红色；观叶期全年，叶片黄绿色
	天人菊	50～90	花期7～10月，舌状花上部黄色基部紫色，管状花紫褐色
	美丽月见草	30～50	花期5～10月，花色有、粉、白色
	蛇莓	5～15	花期4～5月，花黄色
	无毛紫露草	10～25	花期5～10月，花冠紫蓝色，花蕊黄色
	马蔺	10～60	花期4～5月，花有天蓝、蓝紫色
	大花飞燕草	30～120	花期5～6月，花色有蓝、紫、红、粉白色等
	白三叶	30～40	花期4～7月，花白色或淡红色
	红花酢浆草	10～35	花期4～7月，花为淡紫红色，有深紫红色条纹
	紫叶酢浆草	15～30	花期4～11月，开粉红带浅白色的小花，叶片为艳丽的紫红色
	亚菊	15～60	花期8～9月，花黄色
	菊花	20～200	花期9～1月，花色极其丰富，有黄、白、绿、紫、红、粉、复色等

续表

分类	名称	高度（cm）	特　性
宿根花卉	垂盆草	10～15	花期5～6月，花黄色
	萱草	30～80	花期5～7月，花色有黄、橘黄、橘红、红色等
	玉簪	30～50	花期6～8月，花白色
	紫萼	50～80	花期6～7月，花淡紫、堇紫色
	鸢尾	30～80	花期4～5月，花有蓝、紫、黄、白、淡红色等
	德国鸢尾	30～40	花期5～6月，花色有黄、淡蓝、蓝紫、淡紫红、褐色及白色等
	日本鸢尾	30～60	花期4～5月，花色为淡兰紫色带黄色斑纹
	射干	50～120	花期7～9月，花瓣呈橘黄色，有深红色斑点
	芍药	50～100	花期4～5月，花色有白、黄紫、粉、红色等
	七叶一枝花	30～100	花期5～7月，花色黄绿色
	荷包牡丹	30～60	花期5～7月，花色外两瓣粉红色，内两片白色
	芭蕉	200～400	花期7～8月，花黄色
	地涌金莲	40～60	花期6～9月，花莲座状，苞片呈金黄色，花两列，淡紫色
球根花卉	大丽花	50～150	花期7～10月，花色有白、黄、橙、粉、红、紫及复色等
	球根秋海棠	20～35	花期4～11月，花色丰富，有粉红、淡红、橘红、黄、橙、乳白、白、紫红及多种过渡色
	忽地笑	40～60	花期8～10月，花黄色或橙色
	水鬼蕉	50～80	花期6～7月，花白色
	番红花	15～35	花期10～11月，花有白、紫、淡紫、橙等色，另有黄花品种番黄花
	郁金香	30～40	花期3～4月，以红、黄、紫色为主调，花色极其丰富
	红花葱兰	20～30	花期6～9月，花玫瑰红色
	葱兰	10～40	花期7～9月，花白色外被紫红色晕
	石蒜	30～70	花期4～9月，花色有紫红、淡紫红、鲜红和白色带浅红条纹
	大花美人蕉	100～150	花期6～10月，花色有乳白、淡黄、橘红、粉红、大红、紫红和洒金等
	朱顶红	30～40	花期5～6月，花有白、粉红、黄、紫等色，此外还有红白双色品种
	水仙	20～30	花期1～3月，花白色、环状副冠金黄色
	唐菖蒲	30～150	花期3～8月，有红、白、黄、粉、玫瑰红、浅紫、橙红、天蓝及紫红等深浅不同或复色品种
	晚香玉	60～80	花期5～11月，花单瓣的多为白色、重瓣的多为淡紫色
	麝香百合	50～120	花期6～7月，花瓣纯白色，花药橙黄色

分类	名称	高度（cm）	特　性
球根花卉	百合	40～150	花期6～9月，花为橙红、白、鲜红、紫红等色，带有紫黑色斑点或无斑点
	芍药	50～100	花期4～5月，花色有白、黄紫、粉、红等色，少有淡绿色
	风信子	20～45	花期3～4月，花色有红、黄、粉、白、堇和蓝紫色
	花毛茛	20～45	花期2～5月，花分重瓣和半重瓣，有白、橙、黄、红、紫、褐等多种色彩
水生花卉	荸荠	40～80	观叶
	萍蓬草	5～10	花期4～9月，花黄色
	芦苇	200～500	花期7～10月，花深褐色，以观花穗、茎叶为主
	花叶香蒲	50～150	叶片绿夹黄白色条纹，观叶
	香蒲	150～250	花期6～7月，穗状花序圆柱形，浅褐色，状如烛，故别称"水蜡烛"
	荇菜	10～15	花期5～8月，花金黄色
	慈菇	70～100	花期6～9月，花白色，基部具紫斑；叶三角形箭状，以观叶为主
	水葱	100～200	花期6～8月，花浅黄褐色；以观叶为主，另有花叶品种
	芡实	浮水植物	花期6～8月，花红、黄或淡紫色；观叶，观赏期5～10月
	凤眼莲	漂浮植物	花期8～10月，花紫色、凤眼莲属世界十大恶性杂草之一，慎用
	千屈菜	30～120	花期6～10月，花玫瑰红、桃红或蓝紫色
	花叶菖蒲	60～90	叶片边缘具白色、米色或金黄色斑纹，观叶
	花菖蒲	50～80	花期5～8月，花有黄、鲜红、蓝、紫色等，并具蓝、灰、黑色斑点和条纹
	黄菖蒲	60～120	花期5～6月，花艳黄色
	水菖蒲	50～150	花期6～9月，肉穗花序，黄绿色
	睡莲	浮水植物	花期5～9月，花色有紫、红、粉红、白、乳白、金黄色等
	荷花	100～150	花期6～8月，花色有红、粉红、白、乳白、黄色等
	再力花	80～200	花期7～9月，花紫堇色
	梭鱼草	100～150	花期5～10月，花蓝紫色或白色，上方两花瓣各有两个黄绿色斑点
	水芹	20～50	花期5～8月，花白色
	黄花蔺	15～30	花期7～9月，花黄色
	水蕨	10～30	观叶
	三白草	30～80	花期4～8月，花米白色，顶部2～3枚叶花期呈乳白色，观叶
	泽泻	50～100	花期6～8月，花白色，观叶为主
	泽芹	60～120	花期7～9月，花白色，观叶为主

续表

分类	名称	高度（cm）	特　　性
水生花卉	旱伞草	40～100	花期6～7月，花白色或黄褐色；观叶为主
	燕子花	30～60	花期5～6月，花深紫色、蓝紫带白纹
	溪荪	40～100	花期3～5月，花天蓝色，基部有黑褐色网纹及黄色斑纹
	灯心草	40～100	花期5～6月，花绿色
	芦竹	200～600	花期9～11月，花黄褐色，观茎叶、花穗
	花叶芦竹	100～150	叶面初春乳白间碧绿色，仲春至夏秋金黄间碧绿色，观叶
	雨久花	50～80	花期7～9月，花蓝色
	浮萍	浮水植物	叶呈卵形，上表面淡绿至灰绿色，下表面紫绿至紫棕色，观叶
	花叶鱼腥草	20～50	心形叶，具粉红色花斑，叶面红、黄、绿三色斑驳，观叶
	红蓼	40～80	花期7～10月，穗状花序，花玫瑰红色
	水毛花	50～120	茎秆翠绿色，观茎秆
	海寿花	70～100	花期5～10月，穗状花序蓝紫色或紫白色，带黄斑点
	芒	150～300	观叶、花穗

（3）岭南地区常用花卉见表8–4。

表8–4　　　　　　　　　　　岭 南 地 区 常 用 花 卉

分类	名称	高度（cm）	特　　性
一二年生花卉	千日红	20～60	花期6～11月，花紫红、白、粉色
	波斯菊	120～150	花期全年，花白、粉及深红等
	孔雀草	20～40	花期10～5月，花黄、橙色
	百日草	50～90	花期全年，花白、黄、红、紫等色
	鸡冠花	20～60	花期全年，花色丰富
	万寿菊	60～90	花期10～5月，花黄、橙色
	金盏菊	25～60	花期11～4月，花黄、橙、乳白色
	长春花	25～50	花期5～11月，花色丰富，有白、粉、红色等
	黄星菊	30～50	花期5～11月，花黄色
	夏堇	30～60	花期5～11月，花色丰富
	彩叶草	30～60	叶色丰富，品种众多
	雁来红	100～150	入秋顶叶红、黄、橙色
	一串红	30～80	花期10～5月，花红色，有一串白、一串紫变种
	三色堇	10～30	花期11～4月，花色丰富
	半支莲	10～15	花期3～11月，花色丰富

续表

分类	名称	高度（cm）	特 性
一二年生花卉	锦团石竹	20~30	花期11~5月，花色丰富
	凤仙花	30~80	花期7~9月，花色丰富
	紫茉莉	60~100	花期夏秋，花红、橙、黄、白色等
	金鱼草	15~120	花期11~5月，花色丰富
	地肤	30~150	叶色嫩绿
宿根花卉	鸢尾	30~40	花期3~5月，花白、蓝紫色
	紫萼	30~40	花期6~8月，花淡紫色
	玉簪	30~40	花期6~8月，花白色
	萱草	30~80	花期6~9月，花黄、橘黄、橘红、红色
	垂盆草	9~18	花期3~5月，花黄色
	蜀葵	120~180	花期5~10月，花色丰富
	菊花	60~150	花期11~2月，花色丰富
球根花卉	网球花	20~30	花期3~5月，花红色
	贺春兰	20~30	花期1~3月，花粉红色
	红花文殊兰	80~150	花期4~10月，花红色
球根花卉	文殊兰	80~150	花期4~10月，花白色
	蜘蛛兰	60~150	花期4~10月，花白色
	风雨花	20~30	花期6~8月，花粉红色
	葱兰	20~30	花期6~8月，花白色
	石蒜	20~70	花期8~11月，花色丰富
	美人蕉	70~150	花期6~10月，花深红、橙红、黄、粉、乳白色等
	朱顶兰	30~80	花期2~5月，花色丰富
水生花卉	芡实	浮水植物	观叶，观赏期4~11月
	凤眼莲	漂浮植物	花期3~11月，花堇紫色
	千屈菜	30~100	花期5~10月，花紫红色
	菖蒲	60~80	花期7~9月，花黄绿色
	睡莲	浮水植物	花期全年，花色丰富
	荷花	100	花期5~11月，花红、粉红、白、乳白、黄色
	三白草	40~80	花期3~10月，花白色
	水芋	40~100	观叶
	水蕨	20~30	观叶

分类	名称	高度（cm）	特　　性
水生花卉	水芹	40～60	花期3～8月，花白色
	梭鱼草	60～100	花期5～10月，花紫色、白色
	再力花	80～150	花期夏季，花紫色
	荸荠	40～80	观叶
	苹蓬	30～50	花期夏季，花黄色
	芦苇	100～300	观茎叶
	香蒲	150～350	花期5～7月，花浅褐色，观茎叶
	荇莱	漂浮植物	花期6～8月，花鲜黄色
	慈菇	100	花期7～9月，花白色，观叶为主
	水葱	60～120	观叶

三、花坛分类

1. 按季节分

（1）春花坛。可以种植金盏菊、飞燕草、风信子、芍药等。

（2）夏花坛。可种植蜀葵、美人蕉、大丽花、唐菖蒲、萱草、晚香玉等。

（3）秋花坛。可种植百日草、凤仙花、鸡冠花、万寿菊、麦秆菊等。

2. 从花卉种类上分

（1）灌木花坛。应用开花灌木配置草花花坛，辅助栽培少许一二年生或多年生宿根草本花卉。

（2）混合花坛。应用开花灌木同一二年生和多年生草本花卉混合配置。

（3）专类花坛。应用品种繁多的同一种花卉配置，如牡丹、芍药、菊花、月季花坛等。

3. 按坛面花纹图案分

（1）花丛花坛。又称集栽花坛，这种花坛集合多种不同规格的草花，将其栽植成有立体感的花丛。花坛的外形可根据地形特点，呈自然式或规则式的几何形等多种形式。内部花卉的配置，可根据观赏位置不同而定，如四面观赏的花坛，一般在中央种植稍高的植物品种，四周种植较矮的种类。

（2）毛毯花坛。又称模样花坛，这种花坛多采用色彩鲜艳的矮生草花，在一个平面栽种出种种图案，好像地毯一样。所用草花以耐修剪、枝叶细小茂密的品种为宜。除了可以布置成平面式、龟背式，还可将其布置成立体的花篮或花瓶式。

第二节　常规植物的栽种

一、乔灌木栽植

1. 准备工作

（1）明确设计意图及施工任务量。工程技术人员应根据施工图纸与设计说明了解绿化的目的、施工完成后所要达到的景观效果，根据工程投资及设计概（预）算，选择合适的苗木和施工人员，根据工程的施工期限，安排每种苗木的栽植完成日期，同时工程技术人员还应了解施工地段的地上、地下情况，和有关部门配合，以免施工时造成事故。

（2）施工现场准备。

1）现场调查。施工前，应调查施工现场的地上和地下情况，向有关部门了解地上物的处理要求及地下管线分布情况，以免施工时发生事故。

2）清理障碍物。施工现场内，凡对施工有碍的一切障碍物如堆放的杂物、违章建筑、坟堆、砖石块等要清除干净。一般情况下已有树木凡能保留的尽可能保留。缺土的地方，应换入肥沃土壤，以利于植物生长。

3）整理地形。根据设计图纸的要求，将绿化地段与其他用地界限区划开来，整理出预定的地形，使其与周围排水趋向一致。整理工作一般应在栽植前三个月以上的时期内进行。对 8° 以下的平缓耕地或半荒地，应符合植物种植必需的最低土层厚度要求见表 8-5。为便于蓄水保墒，通常翻耕 30～50cm 深度，并视土壤情况，合理施肥以改变土壤肥性。平地整地要有一定倾斜度，以利排除过多的雨水。对工程场地宜先清除杂物、垃圾，随后换土。种植地的土壤含有建筑废土及其他有害成分，如强酸性土、强碱土、盐碱土、重黏土、沙土等，均应根据设计规定，采用客土或改良土壤的技术措施。对低湿地区，应先挖排水沟降低地下水位防止返碱。通常在种植前一年，每隔 20m 左右就挖出一条深 1.5～2.0m 的排水沟，并将掘起来的表土翻至一侧培成垅台，经过一个生长季，土壤受雨水的冲洗，盐碱减少，杂草腐烂了，土质疏松，不干不湿，即可在垅台上种树。对新堆土山的整地，应经过一个雨季使其自然沉降，才能进行整地植树。对荒山整地，应先清理地面，刨出枯树根，搬除可以移动的障碍物，在坡度较平缓，土层较厚的情况下，可以采用水平带状整地。

表 8-5　　　　　　　　　绿地植物种植最低土层厚度

植被类型	草木花卉	草坪地被	小灌木	大灌木	浅根乔木	深根乔木
土层厚度（cm）	30	30	45	60	90	150

2. 定点放线

（1）规则式定点放线。在规则形状的地块上进行规则式乔灌木栽植时，采用规则式定点放线的办法。

1）首先选用具有明显特征的点和线，如道路交叉点、中心线、建筑外墙的墙角和墙脚线、规则形广场和水池的边线等，这些点和线一般都是不会轻易改变的。

2）依据这些特征点线，利用简单的直线丈量方法和三角形角度交会法，就可将设计的每一行树木栽植点的中心连线，和每一棵树的栽植位点都测设到绿化地面上。

3）在已经确定的种植位点上，可用白灰做点，标示出种植穴的中心点。或者在大面积、多树种的绿化场地上，还可用小木桩钉在种植位点上，作为种植桩。种植桩要写上树种代号，以免施工中造成树种的混乱。

4）在已定种植点的周围，还要以种植点为圆心，按照不同树种对种植穴半径大小的要求，用白灰画圆圈，标明种植穴挖掘范围。

（2）自然式定点放线。自然式栽植的特点是植株间距不等、呈不规则栽植，如公园绿地的种植设计。

1）交会法。交会法是以建筑物的两个固定位置为依据，根据设计图上和该两点的距离相交会，定出植株位置，以白灰点表示。交会法适用于范围较小，现场内建筑物或其他标记与设计图相符的绿地。

2）网格法。网格法是按比例在设计图上和现场分别找出距离相等的方格（边长5m、10m、20m），在设计图上量出树木到方格纵横坐标的距离，再到现场相应的方格中按比例量出坐标的距离，即可定出植株位置，以白灰点表示。网格法适用于范围大而平坦的绿地。

对于在自然地形上按照自然式配植树木的情况，一般要采用坐标方网格法，下方是其具体步骤：定点放线前，首先在种植设计图上绘出施工坐标方格网。然后用测量仪器将方格网的每一个坐标点测设到地面，再钉下坐标桩。依据各方格坐标桩，采用直线丈量和角度交会方法，测设出每一棵树木的栽植位点。测定下来的栽植点也用作画圆的圆心，按树种所需穴坑大小，用石灰粉画圆圈，定下种植穴的挖掘线。

3）小平板定点法。小平板定点法依据基点，将植株位置按设计依次定出，用白灰点表示。小平板定点法适用于范围较大，测量基点准确的绿地。

4）平行法。本法适用于带状铺地植物绿化放线，特别是流线形花带实地放线。需要用细绳、石灰或细砂、竹签等，放线时通过不断调整细绳子，使花带中线保证线形和流畅，定出中线后，用垂直中线法将花带边线放出，石灰定线。此法在园路施工放线中同样适用。

3. 种植穴挖掘

栽植穴、槽的位置对植株以后的生长有很大的影响。在栽植苗木之前应以所定的灰点为中心沿四周往下挖坑(穴),栽植坑的大小,应按苗木规格的大小而定,一般应在施工计划中事先确定。根据树种根系类型确定穴深。栽植穴、槽的规格,可参见表 8-6~表 8-10。栽植穴的形状一般为圆形或正方形,但无论何种形状,其穴口与穴底口径应一致,不得挖成上大下小或锅底形,以防根系不能舒展或填土不实,如图 8-1 所示。

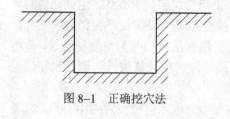

图 8-1　正确挖穴法

表8-6　　　　　　　　竹 类 种 植 穴 规 格　　　　　　　　（单位：cm）

种植穴深度	种植穴直径
盘根或土球深 20~40	比盘根或土球大 40~50

表8-7　　　　　　　　绿 篱 类 种 植 槽 规 格　　　　　　　　（单位：cm）

苗高 ＼ 深×宽 ＼ 种植方式	单　行	双　行
50~80	40×40	40×60
100~120	50×50	50×70
120~150	60×60	60×80

表8-8　　　　　　　　常绿乔木类栽植穴规格　　　　　　　　（单位：cm）

树　高	土球直径	栽植穴深度	栽植穴直径
150	40~50	50~60	80~90
150~250	70~80	80~90	100~110
250~400	80~100	90~110	120~130
400 以上	140 以上	120 以上	180 以上

表8-9　　　　　　　　落叶乔木类栽植穴规格　　　　　　　　（单位：cm）

胸　径	栽植穴深度	栽植穴直径
2~3	30~40	40~60
3~4	40~50	60~70
4~5	50~60	70~80
5~6	60~70	80~90
6~8	70~80	90~100
8~10	80~90	100~110

表 8–10　　　　　　　　花灌木类种植穴规格　　　　　　　（单位：cm）

冠　径	种植穴深度	种植穴直径
200	70～90	90～110
100	60～70	70～90

（1）堆放。挖穴时，挖出的表土和底土应分别堆放，待填土时将表土填入下部，底土填入上部和作围堰用。

（2）地下物处理。挖穴时，如遇地下管线时，应停止操作，及时找有关部门配合解决，以免发生事故。发现有严重影响操作的地下障碍物时，应和设计人员协商，适当改动位置。

（3）施肥与换土。土壤较贫瘠时，先在穴部施入有机肥料做基肥。将基肥和土壤混合后置于穴底，其上再覆盖 5cm 厚表土，然后栽树，可避免根部与肥料直接接触引起烧根。土质不好的地段，穴内需换客土。如石砾较多，土壤过于坚实或被严重污染，或含盐量过高，不适宜植物生长时，应换入疏松肥沃的客土。

（4）注意事项。当土质不良时，应加大穴径，并将杂物清走。如遇石灰渣、炉渣、沥青、混凝土等不利于树木生长的物质，将穴径加大 1～2 倍，并换入好土，以保证根部的营养面积。绿篱等株距较小者，可将栽植穴挖成沟槽。

4. 起苗及其运输

起苗又称掘苗，起掘苗木是植树工程的关键工序之一。起苗的质量好坏直接影响树木的成活率和最终绿化成果，因此操作时必须认真仔细，按规定标准带足根系，不使其破损。

（1）准备工作。

1）苗木选择。苗木质量的好坏是影响其成活与生长的重要因素之一。为了提高栽植成活率，保证绿化效果，移植前必须对苗木进行严格的选择。首先要进行选苗。除了根据设计提出对规格和树形的特殊要求外，还要注意选择生长健壮、无病虫害、无机械损伤、树形端正和根系发达的苗木见表 8–11。选定的苗木可采用系绳或挂牌等方法，作出明显标记，以免挖错，同时标明栽植朝向。

表 8–11　　　　　　　　苗木质量要求最低标准

种类	质　量　要　求
落叶灌木、灌丛	灌木有短主干或灌丛有主茎 3～6 个，分布均匀。根际有分枝，无病虫害，须根良好
常绿树	主干不弯曲，无蛀干害虫，主轴明显的树种必须有领导干。树冠匀称茂密，有新生枝条，土球结实，草绳不松脱

续表

种类	质 量 要 求
落叶乔木	树干：主干不得过于弯曲，无蛀干害虫，有明显主轴的树种应有中央领导枝 树冠：树冠茂密，各方向枝条分布均匀，无严重损伤及病虫害 根系：有良好的须根，大根不得有严重损伤，根际无肿瘤及其他病害。带土球的苗木，土球必须结实，捆绑的草绳不松脱

2）灌水。当土壤较干时，为了便于挖掘，保护根系，应在起苗前 2～3d 进行灌水湿润。

3）拢冠。为了便于起苗操作，对于侧枝低矮与冠丛庞大的苗，如松柏、龙柏、雪松等，掘前应先用草绳捆拢树冠，这样可避免在掘取、运输、栽植过程中损伤树冠。

4）断根。对于地径较大的苗木，起苗前可先在根系周边挖半圆预断根，深度根据苗木而定，一般挖深 15～20cm 即可。

（2）方法。

1）带土球法。将苗木的根部带土削成球状，经包装后起出，称为"带土球法"。土球内须根完好，水分不易散失，有利于苗木成活和生长。但此法费工费料，适用于常绿树、名贵树木和较大的灌木、乔木。

土球大小的确定：土球直径应为苗木地径的 7～10 倍，为灌木苗高的 1/3，土球高度应为土球直径的 2/3，如图 8-2 所示。

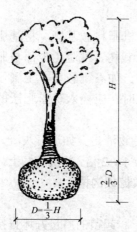

图 8-2 土球大小示意图

土球形状一般为苹果形，表面应光滑，包装要严密，严防土球松散。土球的包装方法见图 8-3。

2）裸根法。裸根法适用于处于休眠状态的落叶乔木、灌木和藤本。这种方法操作简便，节省人力、物力。但由于根系受损，水分散失，影响了成活率。因此，起苗时应尽量保留根系，留些宿土。对不能及时运走的苗木，应埋土假植，土壤要湿润。

3）起苗时间。起苗时间一般多在秋冬休眠以后或者在春季萌芽前进行，另外，在各地区的雨季也可进行。

（3）苗木运输。苗木运输是影响树木成活率的因素。实践证明，"随起、随运、随栽"是保障成活率的有力措施。因此，应该争取在最短的时间内将苗木运到施工现场。条件允许时，尽量做到傍晚起苗，夜间运苗，早晨栽植。这样可以减少风吹日晒，防止水分散失，有利于苗木成活。苗木在装卸、运输过程中，为了避免造成损伤，应采取有效措施。

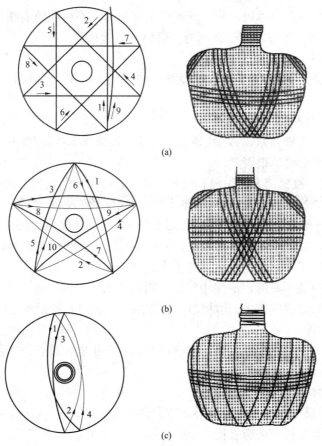

图 8-3　土球包装方法示意图

（a）井字包；（b）五角包；（c）橘子包

1）裸根苗木的装车。装运乔木时，应树根朝前，树梢向后，顺序码放。灌木可直立排列。车后厢板应铺垫草袋、蒲包等物，以防碰伤树皮。树梢不得拖地，必要时要用绳子围拢吊起来，捆绳子的地方需用蒲包垫上。树根部位应用苫布遮盖、拢好，减少根部失水。装车不可超高，压得不要太紧。

2）带土球苗木的装车。2m 高以下的苗木可以立装，2m 高以上的苗木应平放或斜放。土球朝前，树梢朝后，挤严捆牢，不得晃动。土球直径大于 60cm 的苗木只装一层，小土球可以码放 2～3 层，土球之间必须排码紧密，以防摇摆。土球上不准站人或放置重物。

3）苗木运输。苗木在运输途中应经常检查苫布是否掀起，防止根部风吹日晒。短途运苗中途不要休息；长途运输时，应洒水淋湿树根，选择阴凉处停车休息。

4）苗木卸车。苗木在装卸车时应轻吊轻放，不得损伤苗木和造成散球。起吊带土球（台）的小型苗木时，应用绳网兜土球吊起，不得用绳索缚捆根茎起吊。重量超过 1t 的大型土球，应在土球外部套钢丝缆起吊。

5. 苗木假植

苗木运到施工现场后，未能及时栽植或未栽完时，视离栽植时间长短应采取"假植"措施。

（1）裸苗木假植。

1）覆盖法。裸根苗木需做短期假植时，可用苫布或草袋盖严，并在其上洒水。也可挖浅沟，用土将苗根埋严。

2）沟槽法。裸根苗木需做较长时间假植时，可在不影响施工的地方，挖出深 0.3～0.5m，宽 0.2～0.5m，长度视需要而定的沟槽，将苗木分类排码，树梢应向顺风方向，斜放一排苗木于沟中，然后用细土覆盖根部，依次层层码放，不得露根。若土壤干燥时，应浇水保持树根潮湿，但也不可过于泥泞以免影响以后操作。

（2）带土球苗木假植。带土球的苗木运到工地以后，如能很快栽完则可不假植；如 1～2d 内栽不完时，应集中放好，四周培土，树冠用绳拢好。如假植时间较长时，土球间隙也应填土。假植时，对常绿苗木应进行叶面喷水。

6. 苗木修剪

种植前应进行苗木根系修剪，宜将劈裂根、病虫根、过长根剪除，并对树冠进行修剪，保持地上地下平衡。

（1）乔木修剪要求。

1）具有明显主干的高大落叶乔木应保持原有树形，适当疏枝，对保留的主侧枝应在健壮芽上短截，可剪去枝条 1/5～1/3。

2）无明显主干、枝条茂密的落叶乔木，对干径 10cm 以上树木，可疏枝保持原树形；对干径为 5～10cm 的苗木，可选留主干上的几个侧枝，保持原有树形进行短截。

3）枝条茂密具圆头形树冠的常绿乔木可适量疏枝。树叶集生树干顶部的苗木可不修剪。具轮生侧枝的常绿乔木用作行道树时，可剪除基部 2～3 层轮生侧枝。

4）常绿针叶树不宜修剪，只剪除病虫枝、枯死枝、生长衰弱枝、过密的轮生枝和下垂枝。

5）用作行道树的乔木，定干高度宜大于 3m，第一分枝点以下枝条应全部剪除，分枝点以上枝条酌情疏剪或短截，并应保持树冠原形。

6）珍贵树种的树冠宜作少量修剪。

（2）灌木及藤蔓类修剪要求。

1）带土球或湿润地区带宿土裸根苗木及上年花芽分化的开花灌木不宜做修剪，当有枯枝、病虫枝时应予剪除。

2）枝条茂密的大灌木，可适量疏枝。

3）对嫁接灌木，应将接口以下砧木萌生枝条剪除。

4）分枝明显、新枝着生花芽的小灌木，应顺其树势适当强剪，促生新枝，更新老枝。

5）用作绿篱的乔灌木，可在种植后按设计要求整形修剪。苗圃培育成型的绿篱，种植后应加以整修。

6）攀缘类和蔓性苗木可剪除过长部分。攀缘上架苗木可剪除交错枝、横向生长枝。

（3）苗木修剪质量。

1）剪口应平滑，不得劈裂。

2）枝条短截时应留外芽，剪口应距留芽位置以上 1cm。

3）修剪直径 2cm 以上大枝及粗根时，截口必须削平并涂防腐剂。

7. 苗木栽植

（1）散苗。散苗是指将苗木按设计图纸或定点木桩散放在定植穴旁边的工序。散苗木时应注意：

1）散苗人员要充分理解设计意图，统筹调配苗木规格，必须保证位置准确，按图散苗，细心核对，避免散错；

2）要爱护苗木，轻拿轻放，不得伤害苗木，为防止根部擦伤和土球破碎，不准手持树梢在地面上拖苗；在假植沟内取苗时应按顺序进行，取后应随时用土埋严；

3）作为行道树、绿篱的苗木应于栽植前量好高度，按高度分级排列。

（2）栽苗的方法。栽苗是指将苗木直立于穴内，分层填土；提苗到合适高度，踩实固定的工序。栽植应根据树木的习性和当地的气候条件，选择最适宜的时期进行。

1）将苗木的土球或根蔸放入种植穴内，使其居中。再将树干立起扶正，使其保持垂直。

2）然后分层回填种植土，填土后将树根稍向上提一提，使根群舒展开，每填一层土就要用锄把将土压紧实，直到填满穴坑，并使土面能够盖住树木的根茎部位。

3）检查扶正后，把余下的穴土绕根茎一周进行培土，做成环形的拦水围堰。其围堰的直径应略大于种植穴的直径。堰土要拍压紧实，不能松散。

4）种植裸根树木时，将原根际埋下 3～5cm 即可，应将种植穴底填土呈半圆土堆，置入树木填土至 1/3 时，应轻提树干使根系舒展，并充分接触土壤，随填土分层踏实。

5）带土球树木必须踏实穴底土层，而后置入种植穴，填土踏实。

6）绿篱成块种植或群植时，应由中心向外顺序退植。坡式种植时应由上向下种植。大型块植或不同彩色丛植时，宜分区分块。

7）假山或岩缝间种植，应在种植土中掺入苔藓、泥炭等保湿透气材料。

8）落叶乔木在非种植季节种植时，应根据不同情况分别采取以下技术措施：

① 苗木必须提前采取疏枝、环状断根或在适宜季节起苗用容器假植等处理；

② 苗木应进行强修剪，剪除部分侧枝，保留的侧枝也应疏剪或短截，并应保留原树冠的 1/3，同时必须加大土球体积；

③ 可摘叶的应摘去部分叶片，但不得伤害幼芽；

④ 夏季可搭棚遮阴、树冠喷雾、树干保湿，保持空气湿润；

⑤ 冬季应防风防寒；干旱地区或干旱季节，种植裸根树木应采取根部喷布生根激素、增加浇水次数等措施。

9）为利于排水，对排水不良的种植穴，可在穴底铺 10～15cm 沙砾或铺设渗入管、盲沟。

（3）注意事项与要求。

1）埋土前必须仔细核对设计图纸，看树种、规格是否正确，若发现问题应立即调整。

2）栽植深度对成活率影响很大，一般裸根乔木苗，应比根茎土痕深 5～10cm；灌木应与原土痕平齐；带土球苗木比土球顶部深 2～3cm。

3）注意树冠的朝向，大苗要按其原来的阴阳面栽植。尽可能将树冠丰满完整的一面朝主要观赏方向；对于树干弯曲的苗木，其弯向应与当地主导风向一致；如为行植时，应弯向行内并与前后对齐；行列式栽植，应先在两端或四角栽上标准株，然后瞄准栽植中间各株。左右错位最多不超过树干的一半。

4）定植完毕后应与设计图纸详细核对，确定没有问题后，可将捆拢树冠的草绳解开。

5）栽裸根苗最好每三人为一个作业小组，一人负责扶树、找直和掌握深浅度，两人负责埋土。

6）栽植带土球苗木，必须先量好坑的深度与土球的高度是否一致。若有差别应及时将树坑挖深或填土，必须保证栽植深度适宜；城市绿化植树如遇到土壤不适，需进行客土改造。

8. 支撑养护

植树工程按设计定植完毕后，为了巩固绿化成果，提高植树成活率，还必须加强后期养护管理工作，一般应有专人负责。

（1）立支撑柱。较大苗木为防止被风吹倒，或人流活动损坏，应立支柱支撑。沿海多台风地区，一般埋设水泥柱固定高大乔木。支柱的材料，各地有所不同。支柱一般采用木杆或竹竿，长度视树高而定，以能支撑树高 1/3～1/2 处即可。支柱下端打入土中 20～30cm。立支柱的方式有单支式、双支式和三支式 3 种，一般常用三支式。支法有斜支和立支两种。支柱与树干间应用草绳隔开，并将两者捆紧如图 8-4 所示。

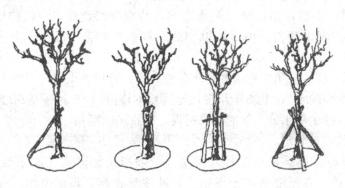

图 8-4　立支撑住

（2）浇水。水是保证植树成活的重要条件，定植后必须连续浇灌几次水，尤其是气候干旱、蒸发量大的地区更为重要。

1）开堰。苗木栽好后，应在穴缘处筑起高 10～15cm 的土堰，拍牢或踩实，以防漏水。

2）浇水。树木定植后 24h 内必须浇上第一遍水，定植后第一次灌水称为头水。水要浇透，使泥土充分吸收水分，灌头水主要目的是通过灌水将土壤缝隙填实，保证树根与土壤紧密结合以利根系发育，故亦称压水。

水灌完后应作一次检查，由于踩不实树身会倒歪，要注意扶正，树盘被冲坏时要修好。之后应连续灌水，尤其是大苗，在气候干旱时，灌水极为重要，千万不可疏忽。常规做法为定植后必须连续灌三次水，之后视情况适时灌水。第一次连续三天灌水后，要及时封堰（穴），以免蒸发和土表开裂透风。即将灌足水的树盘撒上细面土封住，称为封堰。树木栽植后的浇水量，参见表 8-12。

表 8-12　　　　　　　　　　　树木栽植后的浇水量

乔木及常绿树胸径（cm）	灌木高度（m）	绿篱高度（m）	树堰直径（cm）	浇水量（kg）
—	1.2～1.5	1～1.2	60	50
—	1.5～1.8	1.2～1.5	70	75
3～5	1.8～2	1.5~2	80	100
5～7	2～2.5	—	90	200
7～100	—	—	110	250

（3）扶正封堰。

1）扶正。在浇完第一遍水后的次日，应检查树苗是否歪斜，发现后应及时扶正，并用细土将堰内缝隙填严，将苗木固定好。

2）中耕。中耕是指在浇三遍水之间，待水分渗透后，用铁耙或小锄等工具将土堰内的表土锄松。中耕可以切断土壤的毛细管，减少水分蒸发，有利保墒。

3）封堰。在浇完第三遍水并待水分渗入后，可铲去土堰，用细土填于堰内，形成稍高于地面的土堆。北方干旱多风地区秋季植树，应在树干基部堆成30cm高的土堆，以保持土壤水分，并能保护树根，防止风吹摇动。

（4）其他养护管理。

1）清理施工现场植树工程竣工后（一般指定植灌完三次水后），应全面清扫施工现场，将无用杂物处理干净，并注意保洁，真正做到场光地净文明施工。

2）围护树木定植后务必加强管理，避免人为损坏，这是保证绿化成果的关键措施之一。即使没有围护条件的地方也必须经常派人巡查看管，防止人为破坏。

3）复剪定植树木一般都应加以修剪，定植后还要对受伤枝条和栽前修复不够理想的枝条进行复剪。对绿篱进行造型修剪。

4）防治病虫害。

二、乔灌木栽培案例

下面是××绿化有限责任公司，为公园分别栽植合欢、梅花、樱花的栽培技术案例。

1. 合欢栽培

（1）栽植。合欢具有喜光性，是喜好阳光的树木。与其他树相比，发芽较迟，因此，可在4月份中旬至下旬进行栽植。因是豆科植物，根瘤菌可以帮助吸收营养，因此在贫瘠土地上也能很好生长。

合欢对土壤无特殊选择要求，但由于细根较少，是难移栽树木的代表。如果是购入盆栽苗的话，则根较多，能够在庭院中栽植成活。栽植穴要比根体大2倍。在易干燥、贫瘠的场合，为了保湿，要施入大量有机肥，然后进行栽植。

（2）水肥管理。对栽植在普通土质上的合欢，没必要施肥，但有必要注意防止梅雨期后的干燥。雨量较少的年份特别是7~8月份要充分浇水。如果在根部覆盖上稻草进行保护，就更加安全了。

（3）病虫害。由于介壳虫会导致煤烟病，冬季要施用机油乳剂，6月份喷洒西维因乳剂以驱除介壳虫。

（4）整形修剪。人工整形，应顺其自然，最好整成自然开心形树冠。当树冠扩展过远、下部出现秃枝现象时，要及时回缩换头，下部的几枚健壮芽逐步形成优势取而代之，在翌春继续生长，形成新的主干；如此年年反复，自然形成伞形树冠如图8-5所示。

图8-5 合欢落叶后修剪部位示意图

"树形凌乱不堪"这是反映最多的，但这是合欢的性质，为了修整树形而进行的整枝、修剪，会导致萌芽力下降，甚至枯死。

2. 梅花栽培

庭院栽培梅花如图8-6所示，首先要选择适当的地点，结合其生态要求。栽植时，应注重突出梅花主题。

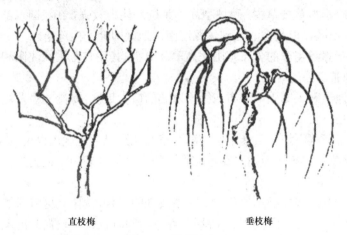

直枝梅   垂枝梅

图8-6 梅花枝态

（1）栽植。梅花属阳性树种，应选择温暖、稍湿润和阳光充足之处栽培。梅花虽对土壤要求不严，但以表土层深厚疏松、底土层稍黏的肥土为最佳。常年有积水，存在氟化氢和二氧化硫污染的环境不宜栽培。

梅花切花栽培一般采用地栽，排水沟要深。梅花盆栽1～2年嫁接苗宜在年前上盆。北方盆栽梅花，在寒冬到来之前，对一般品种应及时移入室内保护越冬。

（2）栽培月历。元月春季用花提前1～2周移至温室。3月底可搬到室外栽培。7月份防盆内雨后积水。8月下旬至9月份芽接。11月份温室或地窖越冬，温度0～5℃。12月中旬移至温室15～20℃，可供元旦用花。

（3）肥水管理。梅花耐瘠薄和干旱。一般很少追肥，但是应经常中耕或松盆，结合清除杂草，以免土壤板结和造成养分消耗。梅花花芽在夏秋分化，应停止施用氮肥，减少浇水量，增施磷、钾肥，能有效地防止枝梢徒长和促进花芽分化。

（4）注意事项。梅花怕涝，注意雨季盆内不可积水。生长时期需充足的水分和阳光。每周施一次追肥。新枝长至 12～15cm 时可"作弯"整形。入秋后减少浇水，不干不浇，停止施肥。

三、草坪的建造

1. 草种的选择的步骤

（1）确定草坪建植区的气候类型。

1）分析当地气候特点以及小环境条件。

2）要以当地气候与土壤条件作为草坪草种选择的生态依据。

（2）决定可供选择的草坪草种。

1）在冷季型草坪草中，草坪型高羊茅抗热能力较强，在我国东部沿海可向南延伸到上海地区，但是向北达到黑龙江南部地区即会产生冻害。

2）多年生黑麦草的分布范围比高羊茅要小，其适宜范围在沈阳和徐州之间的广大过渡地带。

3）草地早熟禾则主要分布在徐州以北的广大地区，是冷季型草坪草中抗寒性最强的草种之一。

4）正常情况下，多数紫羊茅类草坪草在北京以南地区难以度过炎热的夏季。暖季型草坪草中，狗牙根适宜在黄河以南的广大地区栽植，但狗牙根种内抗寒性变异较大。

5）结缕草是暖季型草坪草中抗寒性较强的草种，沈阳地区有天然结缕草的广泛分布。野牛草是良好的水土保持用草坪草，同时也具有较强的抗寒性。

6）在冷季型草坪草中，匍匐翦股颖对土壤肥力要求较高，而细羊茅较耐瘠薄；暖季型草坪草中，狗牙根对土壤肥力要求高于结缕草。

（3）选择具体的草坪草种。

1）草种选择要以草坪的质量要求和草坪的用途为出发点。用于水土保持和护坡的草坪，要求草坪草出苗快，根系发达，能快速覆盖地面，以防止水土流失，但对草坪外观质量要求较低，管理粗放，在北京地区高羊茅和野牛草均可选用。对于运动场草坪，则要求有低修剪、耐践踏和再恢复能力强的特点，由于草地早熟禾具有发达的根茎，耐践踏和再恢复能力强，应为最佳选择。

2）要考虑草坪建植地点的微环境。在遮阴情况下，可选用耐阴草种或混合种。多年生黑麦草、草地早熟禾、狗牙根、日本结缕草不耐阴，高羊茅、匍匐翦股颖、马尼拉结缕草在强光照条件下生长良好，但也具有一定的耐阴性。钝叶草、细羊茅则可在树阴下生长。

3）管理水平对草坪草种的选择也有很大影响。管理水平包括技术水平、设备条件和经济水平三个方面。许多草坪草在低修剪时需要较高的管理技术，同时也需用较高级的管理设备。

例如匍匐翦股颖和改良狗牙根等草坪草质地细，可形成致密的高档草坪，但养护管理需要滚刀式剪草机、较多的肥料，需要及时灌溉和进行病虫害防治，因而养护费用也较高。而选用结缕草时，养护管理费用会大大降低，这在较缺水的地区尤为明显。

2. 草坪施工前的场地准备

（1）场地清理。

1）在有树木的场地上，要全部或者有选择地把树和灌丛移走，也要把影响下一步草坪建植的岩石、碎砖瓦块以及所有对草坪草生长不利的因素清除掉，还要控制草坪建植中或建植后可能与草坪草竞争的杂草。

2）对木本植物进行清理，包括树木、灌丛、树桩及埋藏树根的清理。还要清除裸露石块、砖瓦等。在35cm以内表层土壤中，不应当有大的砾石瓦块。

（2）翻耕。

1）面积大时，可先用机械犁耕，再用圆盘犁耕，最后耙地。面积小时，用旋耕机耕一两次也可达到同样的效果，一般耕深10～15cm。

2）耕作时要注意土壤的含水量，土壤过湿或太干都会破坏土壤的结构。看土壤水分含量是否适于耕作，可用手紧握一小把土，然后用大拇指使之破碎，如果土块易于破碎，则说明适宜耕作。土太干会很难破碎，太湿则会在压力下形成泥条。

（3）整地。

1）为了确保整出的地面平坦，使整个地块达到所需的高度，按设计要求，每相隔一定距离设置木桩标记。

2）填充土壤松软的地方，土壤会沉实下降，填土的高度要高出所设计的高度，用细质地土壤充填时，大约要高出15%；用粗质土时可低些。在填土量大的地方，每填30cm就要镇压，以加速沉实。

3）为了使地表水顺利排出场地中心，体育场草坪应设计成中间高、四周低的地形。地形之上至少需要有15cm厚的覆土。

4）进一步整平地面坪床，同时也可把底肥均匀地施入表层土壤中。

在种植面积小、大型设备工作不方便的场地上，常用铁耙人工整地。为了提高效率，也可用人工耙平；种植面积大，应用专用机械来完成。与耕作一样，细整也要在适宜的土壤水分范围内进行，以保证良好的效果。

（4）土壤改良。

1）土壤改良是把改良物质加入土壤中，从而改善土壤理化性质的过程。保水性差、养分贫乏、通气不良等都可以通过土壤改良得到改善。

2）大部分草坪草适宜的酸碱度在 6.5～7.0 之间。土壤过酸过碱，一方面会严重影响养分有效性；另一方面，有些矿质元素含量过高会对草坪草产生毒害，从而大大降低草坪质量。

对过酸过碱的土壤要进行改良。对过酸的土壤，可通过施用石灰来降低酸度。对于过碱的土壤，可通过加入硫酸镁等来调节。

（5）排水及灌溉系统。

1）草坪与其他场地一样，需要考虑排除地面水，因此，最后平整地面时，要结合地面排水问题考虑，不能有低凹处，以避免积水。做成水平面也不利于排水。草坪多利用缓坡来排水。在一定面积内修一条缓坡的沟道，其最低下的一端可设雨水口接纳排出的地面水，并经地下管道排走，或以沟直接与湖池相连。理想的平坦草坪的表面应是中部稍高，逐渐向四周或边缘倾斜。建筑物四周的草坪应比房基低 5cm，然后向外倾斜。

2）地形过于平坦的草坪或地下水位过高或聚水过多的草坪、运动场的草坪等均应设置暗管或明沟排水，最完善的排水设施是用暗管组成一系统与自由水面或排水管网相连接。

3）草坪灌溉系统是兴造草坪的重要项目。目前国内外草坪大多采用喷灌，为此，在场地最后整平前，应将喷灌管网埋设完毕。

（6）施肥。

1）若土壤养分贫乏和 pH 值不适，在种植前有必要施用底肥和土壤改良剂。施肥量一般应根据土壤测定结果来确定，土壤施用肥料和改良剂后，要通过耙、旋耕等方式把肥料和改良剂翻入土壤一定深度并混合均匀。

2）在细整地时一般还要对表层土壤少量施用氮肥和磷肥，以促进草坪幼苗的发育。苗期浇水频繁，速效氮肥容易淋洗，为了避免氮肥在未被充分吸收之前出现淋失，一般不把它翻到深层土壤中，同时要对灌水量进行适当控制。施用速效氮肥时，一般种植前施氮量为 $50\sim80kg/hm^2$，对较肥沃土壤可适当减少，较瘠薄土壤可适当增加。如有必要，出苗两周后再追施 $25kg/hm^2$。

施用氮肥要十分小心，用量过大会将子叶烧坏，导致幼苗死亡。喷施时要等到叶片干后进行，施后应立即喷水。如果施的是缓效性氮肥，施肥量一般是速效氮肥用量的 2～3 倍。

3. 种子建植建坪方法

（1）播种时间。

1）主要根据草种与气候条件来决定。播种草籽，自春季至秋季均可进行。冬季不过分寒冷的地区，以早秋播种为最好，此时土温较高，根部发育好，耐寒力强，有利越冬。如在初夏播种，冷季型草坪草的幼苗常因受热和干旱而不易存活。同时，夏季一年生杂草也会与冷季型草坪草发生激烈竞争，而且夏季胁迫前根系生长不充分，抗性差。反之，如果播种延误至晚秋，较低的温度会不利于种子的发芽和生长，幼苗越冬时出现发育不良、缺苗、霜冻和随后的干燥脱水会使幼苗死亡。最理想的情况是在冬季到来之前，新植草坪已成坪，草坪草的根和匍匐茎纵横交错，这样才具有抵抗霜冻和土壤侵蚀的能力。

2）在晚秋之前来不及播种时，有时可用休眠（冬季）播种的方法来建植冷季型草坪草，当土壤温度稳定在 10℃ 以下时播种。这种方法必须用适当的覆盖物进行保护。

3）在有树荫的地方建植草坪，由于光线不足，采取休眠（冬季）播种的方法和春季播种建植比秋季要好。草坪草可在树叶较小、光照较好的阶段生长。当然在有树遮阴的地方种植草坪，所选择的草坪品种必须适于弱光照条件，否则生长将受到影响。

4）在温带地区，暖季型草坪草最好是在春末和初夏之间播种。只要土壤温度达到适宜发芽温度时即可进行。在冬季来临之前，草坪已经成坪，具备了较好的抗寒性，利于安全越冬。

5）秋季土壤温度较低，不宜播种暖季型草坪草。晚夏播种虽有利于暖季型草坪草的发芽，但形成完整草坪所需的时间往往不够。播种晚了，草坪草根系发育不完善，植株不成熟，冬季常发生冻害。

（2）播种量。播种量的多少受多种因素限制，包括草坪草种类及品种、发芽率、环境条件、苗床质量、播后管理水平和种子价格等。一般由两个基本要素决定：生长习性和种子大小。每个草坪草种的生长特性各不相同。匍匐茎型和根茎型草坪草一旦发育良好，其蔓伸能力将强于母体。因此，相对低的播种量也能够达到所要求的草坪密度，成坪速度要比种植丛生型草坪草快得多。草地早熟禾具有较强的根茎生长能力，在草地早熟禾草皮生产中，播种量常低于推荐的正常播种量。

（3）播种方法。

1）撒播法。播种草坪草时要求把种子均匀地撒于坪床上，并把它们混入 6mm 深的表土中。播种深度取决于种子大小，种子越小，播种越浅。播得过深或过浅都会导致出苗率低。如播得过深，在幼苗进行光合作用和从土壤中吸收营养元素之前，胚胎内储存的营养不能满足幼苗的营养需求而导致幼苗死亡。播得过浅，没有充分混合时，种子会被地表径流冲走、被风刮走或发芽后干枯见图 8-7。

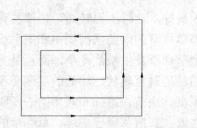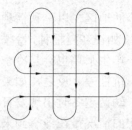

图 8-7　草坪播种顺序

2）喷播法。喷播是一种把草坪草种子、覆盖物、肥料等混合后加入液流中进行喷射播种的方法。喷播机上安装有大功率、大出水量单嘴喷射系统，把预先混合均匀的种子、胶粘剂、覆盖物、肥料、保湿剂、染色剂和水的浆状物，通过高压喷到土壤表面。施肥、播种与覆盖一次操作完成，特别适宜陡坡场地，如高速公路、堤坝等大面积草坪的建植。该方法中，混合材料选择及其配比是保证播种质量效果的关键。喷播使种子留在表面，不能与土壤混合和进行滚压，通常需要在上面覆盖植物（秸秆或无纺布）才能获得满意的效果。当气候干旱、土壤水分蒸发太大、太快时，应及时喷水。

（4）后期管理。播种后应及时喷水，水点要细密、均匀，从上而下慢慢浸透地面。第 1～2 次喷水量不宜太大；喷水后应检查，如发现草籽被冲出时，应及时覆土埋平。

两遍水后则应加大水量，经常保持土壤潮湿，喷水不可间断。这样，约经一个多月时间，就可以形成草坪了。此外，还必须注意围护，防止有人践踏，否则会造成出苗严重不齐。

4. 营养体建植建坪方法

（1）草皮铺栽法。这种方法的主要优点是形成草坪快，可以在任何时候（北方封冻期除外）进行，且栽后管理容易，缺点是成本高，并要求有丰富的草源。质量良好的草皮均匀一致、无病虫、杂草，根系发达，在起卷、运输和铺植操作过程中不会散落，并能在铺植后 1～2 周内扎根。

起草皮时，厚度应该越薄越好，所带土壤以 1.5～2.5cm 为宜，草皮中无或有少量枯草层形成。也可以把草皮上的土壤洗掉以减轻重量，促进扎根，减少草皮土壤与移植地土壤质地差异较大而引起土壤层次形成的问题。

典型的草皮块一般长度为 60～180cm，宽度为 20～45cm。有时在铺设草皮面积很大时会采用大草皮卷。通常是以平铺、折叠或成卷运送草皮。为了避免草皮（特别是冷季型草皮）受热或脱水而造成损伤，起卷后应尽快铺植，一般要求在 24～48h 内铺植好。草皮堆积在一起，由于草皮植物呼吸产出的热量不能排出，使温度升高，能导致草皮损伤或死亡。

在草皮堆放期间，气温高、叶片较长、植株体内含氮量高、病害、通风不良等都可加重草皮发热产生的危害。为了尽可能减少草皮发热，用人工方法进行真空冷却效果十分明显，但费用会大大提高。

草皮的铺栽方法常见的有无缝铺栽、有缝铺栽、方格形花纹铺栽三种。

1）无缝铺栽，是不留间隔全部铺栽的方法。草皮紧连，不留缝隙，相互错缝，要求快速造成草坪时常使用这种方法。草皮的需要量和草坪面积相同（100%）如图8-8（a）所示。

2）有缝铺栽，各块草皮相互间留有一定宽度的缝进行铺栽。缝的宽度为4～6cm，当缝宽为4cm时，草皮必须占草坪总面积的70%以上如图8-8（b）所示。

3）方格形花纹铺栽，草皮的需用量只需占草坪面积的50%，建成草坪较慢。如图8-8（c）所示。注意密铺应互相衔接不留缝，密铺间隙应均匀，并填以种植土。草块铺设后应滚压、灌水。

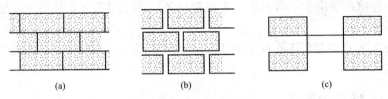

图8-8　草坪的铺栽方法

（a）无缝铺栽；（b）有缝铺栽；（c）方格型花纹铺栽

铺草皮时，要求坪床潮而不湿。如果土壤干燥，温度高，应在铺草皮前稍微浇水，润湿土壤，铺后立即灌水。坪床浇水后，人或机械不可在上行走。

铺设草皮时，应把所铺的相接草皮块调整好，使相邻草皮块首尾相接，尽量减少由于收缩而出现的裂缝。要把各个草皮块与相邻的草皮块紧密相接，并轻轻夯实，以便与土壤均匀接触。在草皮块之间和各暴露面之间的裂缝用过筛的土壤填紧，这样可减少新铺草皮的脱水问题。填缝隙的土壤应不含杂草种子，这样可把杂草减少到最低限度。当把草皮块铺在斜坡上时，要用木桩固定，等到草坪草充分生根，并能够固定草皮时再移走木桩。如坡度大于10%，每块草皮钉两个木桩即可。

（2）直栽法。

1）栽植正方形或圆形的草坪块。草坪块的大小约为5cm×5cm，栽植行间距为30～40cm，栽植时应注意使草坪块上部与土壤表面齐平。常用此方法建植草坪的草坪草有结缕草，但也可用于其他多匍匐茎或强根茎草坪草。

2）把草皮分成小的草坪草束，按一定的间隔尺寸栽植。这一过程一般可以用人工完成，也可以用机械。机械直栽法是采用带有正方形刀片的旋筒把草皮切成草坪草束，通过机器进行栽植，这是一种高效的种植方法，特别适用于不能用种子建植的大面积草坪中。

3）采用在果岭通气打孔过程中得到的多匍匐茎的草坪草束（如狗牙根和匍匐翦股颖）来建植草坪。把这些草坪草束撒在坪床上，经过滚压使草坪草束与土壤紧密接触和坪面平整。由于草坪草束上的草坪草易于脱水，因而要经常保持坪床湿润，直到草坪草长出足够的根系为止。

（3）枝条匍茎法。枝条和匍匐茎是单株植物或者是含有几个节的植株的一部分，节上可以长出新的植株。插枝条法通常的做法是把枝条种在条沟中，相距15～30cm，深5～7cm。每根枝条要有2～4个节，栽植过程中，要在条沟填土后使一部分枝条露出土壤表层。

插入枝条后要立刻滚压和灌溉，以加速草坪草的恢复和生长。也可使用直栽法中使用的机械来栽植，它把枝条（而非草坪块）成束地送入机器的滑槽内，并且自动地种植在条沟中。有时也可直接把枝条放在土壤表面，然后用扁棍把枝条插入土壤中。

插枝条法主要用来建植有匍匐茎的暖季型草坪草，但也能用于匍匐翦股颖草坪的建植。

四、草坪养护管理

1. 草坪修剪

（1）修剪的作用。

1）修剪的草坪显得均一、平整而更加美观，提高了草坪的观赏性。草坪若不修剪，草坪草容易出现生长参差不齐，会降低其观赏价值。

2）在一定的条件下，修剪可以维持草坪草在一定的高度下生长，增加分蘖，促进横向匍匐茎和根茎的发育，增加草坪密度。

3）修剪可抑制草坪草的生殖生长，提高草坪的观赏性和运动功能。修剪可以使草坪草叶片变窄，提高草坪草的质地，使草坪更加美观。修剪能够抑制杂草的入侵，减少杂草种源。

4）正确的修剪还可以增加草坪抵抗病虫害的能力。修剪有利于改善草坪的通风状况，降低草坪冠层温度和湿度，从而减少病虫害发生的机会。

（2）修剪的高度。草坪实际修剪高度是指修剪后的植株茎叶高度。草坪修剪必须遵守1/3原则，即每次修剪时，剪掉部分的高度不能超过草坪草茎叶自然高度的1/3。每一种草坪草都有其特定的耐修剪高度范围，这个范围常常受草坪草种及品种生长特性、草坪质量要求、环境条件、发育阶段、草坪利用强度等诸多因素的影响，根据这些因素可以大致确定某一草种的耐修剪高度范围见表8-13。多数情况下，在这个范围内可以获得令人满意的草坪质量。

表 8–13　　　　　　　　草坪修剪的适宜高度（个别品种除外）

草　种	修剪高度（cm）
巴哈雀稗	5.0～10.2
普通狗牙根	2.1～3.8
杂交狗牙根	0.6～2.5
结缕草	1.3～5.0
匍匐翦股颖	0.3～1.3
细弱翦股颖	1.3～2.5
细羊茅	3.8～7.6
草地早熟禾	3.8～7.6
地毯草	2.5～5.0
假俭草	2.5～5.0
钝叶草	5.1～7.6
多年生黑麦草	3.8～7.6
高羊茅	3.8～7.6
沙生冰草	3.8～6.4
野牛草	1.8～7.5
格兰马草	5.0～6.4

（3）修剪频率。修剪频率是指在一定的时期内草坪修剪的次数，修剪频率主要取决于草坪草的生长速率和对草坪的质量要求。冷季型庭院草坪草在温度适宜和保证水分的春、秋两季生长旺盛，每周可能需要修剪两次，而在高温胁迫的夏季生长受到抑制，每两周修剪一次即可；相反，暖季型草坪草在夏季生长旺盛，需要经常修剪，在温度较低、不适宜生长的其他季节则需要减少修剪频率。

1）对草坪的质量要求越高，养护水平越高，修剪频率也越高。

2）不同草种的草坪其修剪频率也不同。

3）表 8–14 给出几种不同用途草坪的修剪频率和次数。

表 8–14　　　　　　　　草坪修剪的频率及次数

应用场所	草坪草种类	修剪频率（次/月）			年修剪次数
		4～6 月	7～8 月	9～11 月	
庭院	细叶结缕草	1	2～3	1	5～6
	翦股颖	2～3	8～9	2～3	15～20

续表

应用场所	草坪草种类	修剪频率（次/月）			年修剪次数
		4~6月	7~8月	9~11月	
公园	细叶结缕草	1	2~3	1	10~15
	翦股颖	2~3	8~9	2~3	20~30
竞技场、校园	细叶结缕草、狗牙根	2~3	8~9	2~3	20~30
高尔夫球场发球台	细叶结缕草	1	16~18	13	30~35
高尔夫球场果岭区	细叶结缕草	38	34~43	38	110~120
	翦股颖	51~64	25	51~64	120~150

（4）修剪要求。修剪应选择晴天草坪干燥时进行，不得在雨天或有露水时修剪草坪，应安排在施肥、灌水作业之前；修剪机具务必运行完好，刀片锋利；进场前进行场地清理，清除垃圾异物；应经常变换剪草方式，一是不要总朝向一个方向，二是不要重复同一车辙；修剪作业完毕后应清理现场，将全部修剪废弃物等清出；遇病害区作业，应对机具进行药物消毒，清理出的带病草末集中销毁；冷季型草坪夏季管理，修剪作业后应按顺序安排施肥、灌水、打药防病。

（5）草坪修剪机械。

1）滚刀式剪草机。剪草装置由带有刀片的滚筒和固定的底刀组成，滚筒的形状像一个圆柱形鼠笼，切割刀呈螺旋形安装在圆柱表面上。滚筒旋转时，把叶片推向底刀，产生一个逐渐切割的滑动剪切将叶片剪断，剪下的草屑被甩进集草袋。由于滚刀剪草机的工作原理类似于剪刀的剪切，只要保持刀片锋利，剪草机调整适当，其剪草质量是几种剪草机中最佳的。滚刀式剪草机主要有手推式、坐骑式和牵引式。缺点是对具有硬质穗和茎秆的禾本科草坪草的修剪存在一定困难；无法修剪某些具有粗质穗部的暖季型草坪草；无法修剪高度超过 10.2~15.2cm 的草坪草；价格较高。因此，只有在具有相对平整表面的草坪上使用滚刀式剪草机才能获得最佳的效果。

2）旋刀式剪草机。主要部件是横向固定在直立轴末端上的刀片。剪草原理是通过高速旋转的刀片将叶片水平切割下来，为无支撑切割，类似于镰刀的切割作用，修剪质量不能满足较高要求的草坪。旋刀式剪草机主要有气垫式、手推式和坐骑式。缺点是不宜用于修剪低于 2.5cm 的草坪草，因为难以保证修剪质量。当旋刀式剪草机遇到跨度较小的土墩或坑洼不平地面时，由于高度不一致极易出现"剪秃"现象；刀片高速旋转，易造成安全事故。

3）甩绳式剪草机。是割灌机附加功能的实现，即将割灌机工作头上的圆锯条或刀片用尼龙绳或钢丝代替，高速旋转的绳子与草坪茎叶接触时将其击碎从而实现剪草的目的。这种剪草机主要用于高速公路路边绿化草坪、护坡护堤草坪以及树干基部、雕塑、灌木、建筑物等与草坪临界的区域。在这些地方其他类型的剪草机难以使用。缺点是操作人员要熟练掌握操作技巧，否则容易损伤树木和灌木的韧皮部以及出现"剪秃"现象，而且转速要控制适中，否则容易出现"拉毛"现象或硬物飞弹伤人事故。更换甩绳或排除缠绕时必须先切断动力。

4）甩刀式剪草机。构造类似于旋刀式剪草机，但工作原理与连枷式剪草机相似。它的主要工作部件是横向固定于直立轴上的圆盘形刀盘，刀片（一般为偶数个）对称地铰接在刀盘边缘上。工作时旋转轴带动刀盘高速旋转，离心力使刀片崩直，以端部冲击力切割草坪草茎叶。由于刀片与刀盘铰接，当碰到硬物时可以避让而不致损坏机械并降低伤人的可能性。缺点是剪草机无刀离合装置，草坪密度较大和生长较高情况下，启动机械有一定阻力，而且修剪质量较差，容易出现"拉毛"现象。

5）连枷式剪草机。刀片铰接或用铁链连接在旋转轴或旋转刀盘上，工作时旋转轴或刀盘高速旋转，离心力使刀片崩直，端部以冲击力切割草坪茎叶。由于刀片与刀轴或刀盘铰接，当碰到硬物时可以避让而不致损坏机器。连枷式剪草机适用于杂草和灌木丛生的绿地，能修剪 30cm 高的草坪。缺点是研磨刀片很费时间，而且修剪质量也较差。

6）气垫式剪草机。工作部分一般也采用旋刀式，特殊的部分在于它是靠安装在刀盘内的离心式风机和刀片高速转动产生的气流形成气垫托起剪草机修剪，托起的高度就是修剪高度。气垫式剪草机没有行走机构，工作时悬浮在草坪上方，特别适合于修剪地面起伏不平的草坪。

（6）修剪准备。

1）修剪机的检查。检查机油的状态，机油量是否达到规定加注体积，小于最小加注量时要及时补加，大于最大加注量时要及时倒出；检查机油颜色，如果为黑色或有明显杂质应及时更换规定标准的机油，一般累计工作时间达 25～35h 更换机油一次，新机器累计工作 5h 后更换新机油。更换机油要在工作一段时间或工作完毕后，将剪草机移至草坪外，趁热更换，此时，杂质和污物很好地溶解于机油中，利于更换。废机油要妥善处理，多余的机油要擦干净，千万不要将机油滴在草坪上，否则将导致草坪草死亡。

检查汽油的状态，汽油量不足时要及时加注，但不要超过标识，超过部分用虹吸管吸出。发动机发热时，禁止向油箱里加汽油，要等发动机冷却后再加。汽油变质要完全吸出更换，否则容易阻塞化油器。所有操作都应移至草坪外进行。

检查空气滤清器是否需要清理，纸质部分用真空气泵吹净，海绵部分用肥皂水清洗晾干，均匀滴加少许机油，增强过滤效果。若效果不佳，应及时更换新滤清器（一般一年左右）。

检查轮子旋转是否同步顺畅，某些剪草机轮轴需要加注黄油。检查轮子是否在同一水平面上，并调节修剪高度。

检查甩绳式剪草机尼龙绳伸出工作头的长度，过短需延长。工作头中储存的尼龙绳不足时应更换，尼龙绳的缠绕方向及方法对修剪效果及工作头的使用寿命影响很大，要由专业人员演示。更换甩绳或排除缠绕时必须先切断动力。

2）修剪前，要对草坪中的杂物进行认真清理，拣除草坪中的石块、玻璃、钢丝、树枝、砖块、钢筋、铁管、电线及其他杂物等，并对喷头、接头等处进行标记。

3）操作剪草机时，应穿戴较厚的工作服和平底工作鞋，佩戴耳塞减轻噪声。尤其是在操作甩绳式剪草机时，一定要佩戴手套和护目镜或一体式安全帽。

4）机器启动后仔细倾听发动机的工作声音，如果声音异常立即停机检查，注意检查时将火花塞拔掉，防止意外启动。

（7）修剪操作。

1）一般先绕目标草坪外围修剪 1～2 圈，这有利于在修剪中间部分时机器的调头，防止机器与边缘硬质砖块、水泥路等碰撞损坏机器，以及防止操作人员意外摔倒。

2）剪草机工作时，不要移动集草袋（斗）或侧排口。集草袋长时间使用会由于草屑汁液与尘土混合，导致通风不畅影响草屑收集效果，因此要定期清理集草袋。不要等集草袋太满才倾倒草屑，否则也会影响草屑收集效果或遗漏草屑于草坪上。

3）在坡度较小的斜坡上剪草时，手推式剪草机要横向行走，坐骑式剪草机则要顺着坡度上下行走，坡度过大时要应用气垫式剪草机。在工作途中需要暂时离开剪草机时，务必要关闭发动机。

4）具有刀离合装置的剪草机，在开关刀离合时，动作要迅速，这有利于延长传动皮带或齿轮的寿命。对于具有刀离合装置的手推式剪草机，如果已经将目标草坪外缘修剪 1～2 周，由于机身小则在每次调头时，尽量不要关闭刀离合，以延长其使用寿命，但要时刻注意安全。

5）剪草时操作人员要保持头脑清醒，时刻注意前方是否有遗漏的杂物，以免损坏机器。长时间操作剪草机要注意休息，切忌心不在焉。剪草机工作时间也不应过长，尤其是在炎热的夏季要防止机体过热，影响其使用寿命。

6）旋刀式剪草机在刀片锋利、自走速度适中、操作规范的情况下仍然出现"拉毛"现象，则可能是由于发动机转速不够，可由专业维修人员调节转速以达到理想的修剪效果。剪草机的行走速度过快，滚刀式剪草机会形成"波浪"现象，旋刀式剪草机会出现"圆环"状，从而严重影响草坪外观和修剪质量。

7）对于甩绳式剪草机，操作人员要熟练掌握操作技巧，否则容易损伤树木和旁边的花灌木以及出现"剪秃"的现象，而且转速要控制适中，否则容易出现"拉毛"现象或硬物飞溅伤人事故。不要长时间使油门处于满负荷工作状态，以免机器过早磨损。

8）手推式剪草机一般向前推，尤其在使用自走时切忌向后拉，否则，有可能伤到操作人员的脚。

（8）修剪后的注意事项。

1）草坪修剪完毕，要将剪草机置于平整地面，拔掉火花塞进行清理。

2）放倒剪草机时要从空气滤清器的另一侧抬起，确保放倒后空气滤清器置于发动机的最高处，防止机油倒灌淹灭火花塞火花，造成无法启动。

3）清除发动机散热片和启动盘上的杂草、废渣和灰尘（特别是化油器旁的散热片很容易堵塞，要用钢丝清理）。因为这些杂物会影响发动机的散热，导致发动机过热而损坏。但不要用高压水雾冲洗发动机，可用真空气泵吹洗。

4）清理刀片和机罩上的污物，清理甩绳式剪草机的发动机和工作头。

5）每次清理要及时彻底，为以后清理打下良好的基础。清理完毕后，检查剪草机的启动状况，一切正常后入库存放于干净、干燥、通风、温度适宜的地方。

2. 草坪的施肥

（1）草坪生长所需的营养元素。在草坪草的生长发育过程中必需的营养元素有碳（C）、氢（H）、氧（O）、氮（N）、磷（P）、钾（K）、钙（Ca）、镁（Mg）、硫（S）、铁（Fe）、锰（Mn）、铜（Cu）、锌（Zn）、硼（B）、钼（Mo）、氯（Cl）等16种。草坪草的生长对每一种元素的需求量有较大差异，通常按植物对每种元素需求量的多少，将营养元素分为三组，即大量元素、中量元素和微量元素见表8-15。无论是大量、中量还是微量营养元素，只有在适宜的含量和适宜的比例时才能保证草坪草的正常生长发育。根据草坪草的生长发育特性，进行科学的、合理的养分供应，即按需施肥，才能保证草坪各种功能的正常发挥。

表 8-15　　　　　　　　　　草坪草生长所需要的营养元素

分类	元素名称	化学符号	有效形态
大量元素	氮 磷 钾	N P K	$NH_4^+ \cdot NO_3^-$ $HPO_4^{2-} \cdot H_2PO_4^-$ K^+
中量元素	钙 镁 硫	Ca Mg S	Ca^{2-} Mg^{2-} SO_4^{2-}

续表

分类	元素名称	化学符号	有效形态
微量元素	铁	Fe	Fe^{2-}、Fe^{3+}
	锰	Mn	Mn^{2+}
	铜	Cu	Cu^{2+}
	锌	Zn	Zn^{2+}
	钼	Mo	MoO_4^{2-}
	氯	Cl	Cl^-
	硼	B	$H_2BO_3^-$

（2）合理施肥。草坪施肥是草坪养护管理的重要环节。通过科学施肥，不但为草坪草生长提供所需的营养物质，还可增强草坪草的抗逆性，延长绿色期，维持草坪应有的功能。对草坪质量的要求决定肥料的施用量和施用次数。对草坪质量要求越高，所需的养分供应也越高。如运动场草坪、高尔夫球场果岭、发球台和球道草坪以及作为观赏用草坪对质量要求较高，其施肥水平也比一般绿地及护坡草坪要高得多。表 8-16 和表 8-17 分别列出了暖季型草坪草和冷季型草坪草作为不同用途时对氮素的需求状况，以供参考。

表 8-16   **不同暖季型草坪草对氮素的需求状况**

暖季型草坪草中文名	每个生长月的需氮量（kg/hm^2）		需氮情况
	一般绿地草坪	运动场草坪	
美洲雀稗	0.0～9.8	4.9～24.4	低
普通狗牙根	9.8～19.5	19.5～34.2	低～中
杂交狗牙根	19.5～29.3	29.3～73.2	中～高
格兰马草	0.0～14.6	9.8～19.5	很低
野牛草	0.0～14.6	9.8～19.5	很低
假俭草	0.0～14.6	14.6～19.5	很低
铺地狼尾草	9.8～14.6	14.6～29.3	低～中
海滨雀稗	9.8～19.5	19.5～39.0	低～中
钝叶草	14.6～24.2	19.5～29.3	低～中
普通结缕草	4.9～14.6	14.6～24.4	低～中
改良结缕草	9.8～14.6	14.6～29.3	低～中

表 8–17　　　　　　　　　　不同冷季型草坪草对氮素的需求状况

冷季型草坪 草中文名	每个生长月的需氮量（kg/hm²）		
	一般绿地草坪	运动场草坪	需氮情况
碱茅	0.0～9.8	9.8～19.5	很低
一年生早熟禾	14.6～24.4	19.5～39.0	低～中
加拿大早熟禾	0.0～9.8	9.8～19.5	很低
细弱翦股颖	14.6～24.4	19.5～39.0	低～中
匍匐翦股颖	14.6～29.3	14.6～48.8	低～中
邱氏羊茅	9.8～19.5	14.6～24.4	低
匍匐紫羊茅	9.8～19.5	14.6～24.4	低
硬羊茅	9.8～19.5	14.6～24.4	低
普通草地早熟禾	4.9～14.6	9.8～29.3	低～中
改良品种	14.6～19.5	19.5～39.0	中
多年生黑麦草	9.8～19.5	19.5～34.2	低～中
粗茎早熟禾	9.8～19.5	19.5～34.2	低～中
高羊茅	9.8～19.5	14.6～34.2	低～中
冰草	4.9～9.8	9.8～24.4	低

3. 草坪施肥方案的制订

（1）主要目标。

1）补充并消除草坪草的养分缺乏，平衡土壤中各种养分。

2）保证特定场合、特定用途草坪的质量水平，包括密度、色泽、生理指标和生长量。此外，施肥还应该尽可能地将养护成本和潜在的环境问题降至最低。因此，制定合理的施肥方案，提高养分利用率，不论对草坪草本身还是对经济和环境都十分重要。

（2）施肥量确定。草种类型和所要求的质量水平；气候状况（温度、降雨等）；生长季长短；土壤特性（质地、结构、紧实度、pH 有效养分等）；灌水量；碎草是否移出；草坪用途等。

气候条件和草坪生长季节的长短也会影响草坪需肥量的多少。在我国南方和北方地区气候条件差异较大，温度、降雨、草坪草生长季节的长短都存在很大不同，甚至栽培的草种也完全不同。因此，施肥量计划的制订必须依据其具体条件加以调整。

（3）施肥时间。

1）对于暖季型草坪草来说，在打破春季休眠之后，以晚春和仲夏时节施肥较为适宜。

2）第一次施肥可选用速效肥，但夏末秋初施肥要小心，以防止草坪草受到冻害。

3）对于冷季型草坪草而育，春、秋季施肥较为适宜，仲夏应少施肥或不施。晚春施用速效肥应十分小心，这时速效氮肥虽促进了草坪草快速生长，但有时会导致草坪抗性下降而不利于越夏。这时如选用适宜释放速度的缓释肥可能会帮助草坪草经受住夏季高温高湿的胁迫。

（4）施肥次数。根据草坪养护管理水平。草坪施肥的次数或频率常取决于草坪养护管理水平，下面是应考虑的因素：

1）对于每年只施用一次肥料的低养护管理草坪，冷季型草坪草每年秋季施用，暖季型草坪草在初夏施用。

2）对于中等养护管理的草坪，冷季型草坪草在春季与秋季各施肥一次，暖季型草坪草在春季、仲夏、秋初各施用一次即可。

3）对于高养护管理的草坪，在草坪草快速生长的季节，无论是冷季型草坪草还是暖季型草坪草至少每月施肥一次。

4）当施用缓效肥时，施肥次数可根据肥料缓效程度及草坪反应作适当调整。

5）少量多次施肥方法。少量多次的施肥方法在那些草坪草生长基质为砂性土壤、降水丰沛、易发生氮渗漏的种植地区或季节非常实用。

少量多次施肥方法特别适宜在下列情况下采用：

① 在保肥能力较弱的砂质土壤上或雨量丰沛的季节；

② 以砂为基质的高尔夫球场和运动场；

③ 夏季有持续高温胁迫的冷季型草坪草种植区；

④ 处于降水丰沛或湿润时间长的气候区；

⑤ 采用灌溉施肥的地区。

4. 草坪的灌溉

（1）水源与灌水方法。

1）水源没有被污染的井水、河水、湖水、水库存水、自来水等均可作灌水水源。目前城市"中道水"作绿地灌溉用水。随着城市中绿地不断增加，用水量大幅度上升，给城市供水带来很大的压力。"中道水"不失为一种可靠的水源。

2）灌水方法有地面漫灌、喷灌和地下灌溉等。地面漫灌是最简单的方法，其优点是简单易行，缺点是耗水量大，水量不够均匀，坡度大的草坪不能使用。

采用这种灌溉方法的草坪表面应相当平整，且具有一定的坡度，理想的坡度是 0.5%～1.5%。这样的坡度用水量最经济，但大面积草坪要达到以上要求较为困难，因而有一定的局限性。

喷灌是使用喷灌设备令水像雨水一样淋到草坪上。其优点是能在地形起伏变化大的地方或斜坡使用，灌水量容易控制，用水经济，便于自动化作业。主要缺点是建造成本高。但此法仍为目前国内外采用最多的草坪灌水方法。

地下灌溉是靠毛细管作用从根系层下面设的管道中的水由下向上供水。此法可避免土壤紧实，并使蒸发量及地面流失量减到最低程度。节省水是此法最突出的优点。然而由于设备投资大，维修困难，因而使用此法灌水的草坪甚少。

（2）灌水时间。在生长季节，根据不同时期的降水量及不同的草种适时灌水是极为重要的。一般可分为 3 个时期。

1）返青到雨季前。这一阶段气温高，蒸腾量大，需水量大，是一年中最关键的灌水时期。根据土壤保水性能的强弱及雨季来临的时期可灌水 2～4 次。

2）雨季基本停止灌水。这一时期空气湿度较大，草的蒸腾量下降，而土壤含水量已提高到足以满足草坪生长需要的水平。

3）雨季后至枯黄前。这一时期降水量少，蒸发量较大，而草坪仍处于生命活动较旺盛阶段，与前两个时期相比，这一阶段草坪需水量显著提高，如不能及时灌水，不但影响草坪生长，还会引起提前枯黄进入休眠。在这一阶段，可根据情况灌水 4～5 次。

在返青时灌返青水，在北方封冻前灌封冻水也都是必要的。草种不同，对水分的要求不同，不同地区的降水量也有差异。因而，必须根据气候条件与草坪植物的种类来确定灌水时期。

（3）灌水量。每次灌水的水量应根据土质、生长期、草种等因素来确定。以湿透根系层、不发生地面径流为原则。

5. 杂草及病害控制

（1）杂草控制。在新建植的草坪中，很容易出现杂草。大部分除草剂对幼苗的毒性比成熟草坪草的毒性大。有些除草剂还会抑制或减慢无性繁殖材料的生长。因此，大部分除草剂要推迟到绝对必要时才能施用，以便留下充足的时间使草坪成坪。

在第一次修剪前，对于耐受能力一般的草坪草也不要施用萌后型的二甲四氯和麦草畏等。由于阔叶性杂草幼苗期对除草剂比成熟的草敏感，使用量可以减半，这样可以尽量减小对草坪草的危险性。

在新铺的草坪中，需要用萌前除草剂来防治春季和夏季出现于草坪草之间缝隙中的杂草马唐等。但是，为了避免抑制根系的生长，要等到种植后 3～4 周才能施用。如果有多年生恶性杂草出现，但不成片时，在这些地方就要尽快用草甘膦点施。如果蔓延范围直径达到 10～15cm，必须在这些地方重新播种。

（2）草坪病害。过于频繁的灌溉和太大的播种量造成的草坪群体密度过大，也容易引起病害发生。因而，控制灌溉次数和控制草坪群体密度可避免大部分苗期病害。

一般情况下，建议使用拌种处理过的种子。如用甲霜灵处理过的种子可以控制枯萎病病菌。当诱发病害的条件出现时，可于草坪草萌发后施用农药来预防或抑制病害的发生。

在新建草坪中，蝼蛄常在幼苗期危害草坪。当这种昆虫处于活动期时，可把苗株连根拔起，以及挖洞导致土壤干燥，严重损坏草坪。蚂蚁的危害主要限于移走草坪种子，使蚁穴周围缺苗。常用的方法是播种后立即掩埋草种或撒毒饵驱赶害虫。

五、地被植物的种植案例

1. 白三叶

白三叶绿期和花期长，叶色翠绿，适应性强。主要用于建植观赏草坪、庭院绿地草坪、林下耐阴草坪和水土保持、固土护坡草坪等。该草繁殖容易，既可种子繁殖又可营养繁殖。

（1）种子繁殖。需细致整地，播前要灌好底水，待土壤半干时再耙地播种，采用撒播或条播。

撒播，播种量为 5～10g/m²，播深 0.5～1cm。

条播，播种量为 3～5g/m²，行距 20～25cm。

播后保持土壤湿润直至出苗。幼苗期生长缓慢，怕干旱。春播与秋播均可，南方以秋播为好，因秋播杂草少，易于养护管理。

（2）营养繁殖。采用分根繁殖法，可采用带土小草块移植，株行距 20cm×20cm，品字形穴植，则一个月可封闭地面，一般 1m² 草块，可扩大栽植新草地 4～5m²。或用匍匐茎扦插法，30～40 天则可封闭地面。该草不耐水淹，因此要注意及时排水。

（3）培育特点。白三叶应选择水分充足而肥沃的土壤栽种，主要采用种子繁殖。由于种子较小，要求整地精细、平整。春秋均可播种。秋播宜早，迟则难以越冬；春播稍迟时易受杂草侵害。

田间管理要保持一定土壤湿度，以利出苗。生长期需供给充足的水肥。苗期生长缓慢，应注意除草。

白三叶能用根瘤菌固定空气中的氮素，成株可不施或少施氮素，应以施磷、钾肥为主。白三叶不耐践踏，应以观赏为主。白三叶开花结实时间不一致，种子边熟边落，在果球变黑褐色时就应及时采摘，种子产量 6～7.5g/m²。

2. 小冠花

地区别名多变小冠花，生长蔓延快，根系发达，繁殖率高，覆盖度大，能迅速形成草坪，抗逆性强。它既是草，又是花，具有较高的园林价值。该草既可防止水土流失，又可增加土壤肥力，可用来建植水土保持草坪，尤其在河岸、公路、铁路两侧护坡更为适宜。

（1）种植繁殖时，因种子硬实率高（70%～80%），播前应擦破种皮以利吸水发芽，用砂纸磨至发毛或刻伤，也可用95%的浓硫酸处理30min，提高其发芽率。同时还应进行根瘤菌接种。

春播、夏播和秋播均可，以夏播为最适宜。条播行距为30～50cm，播量为5～6g/m²；撒播10～15g/m²，覆土1.5cm。苗期生长缓慢，应及时中耕除草。

（2）营养繁殖小冠花也可用根蘖或茎扦插繁殖，因其根具有特殊的再生能力，在5月份见蕾前根插最好，挖取侧根，截成5～10cm长，开沟3～5cm深，带芽根段平卧在潮湿土壤中即可，覆土，镇压，10天即可生根。

枝条扦插将长约10cm，带有2～3个腋芽的茎枝，按5～10cm的行距扦插入潮湿土壤中即可。插后5～10天不定芽即可生根，也可采用分株繁殖，一般每平方米有2株单独小株即可。该草从第二年起，每年需刈剪2～3次，茬高5～6cm为宜。不耐践踏和水淹，管理中需采用必要措施。

第三节　植物特殊栽种

一、大树移植工程

1. 大树移植概述

（1）大树移植。大树移植是为了满足某种特殊的绿化需要，对已定植多年的大树进行再移植。通常是指移植胸径在10cm以上，高度在4m以上，已经基本成形，并完成了发育阶段的乔木或灌木。通过大树移植，可在较短的时间内优化城市绿地的植物配植和空间结构，及时满足重点或大型市政工程的绿化美化要求。最大限度地发挥城市绿地的生态效益和景观效益，是现代化城市园林布置和绿化建设中经常采用的重要手段与技术措施。

（2）大树来源。大树不仅来源于山林、苗圃，而且在已建成多年的绿地中也常有大树拥挤的现象发生，使人们不得不进行"大树移植"，以提高生态效益。在城市改建过程中，同样有一些大树需要移植。但这里所指"大树"不一定专指乔木，也包括定植多年的大灌木、藤本等。

2. 大树移植的难处、可行性与特点

（1）大树移植的难处是大树移植成活困难，主要由以下原因造成：

1）大树年龄大、发育慢、细胞的再生能力较弱，挖掘与栽植过程中损伤的根系恢复慢，新根萌生能力较弱。

2）树木在生长过程中，根系扩展范围很大，而且扎入土层很深，使有效的吸收根处于深层和树冠投影附近，在一般必须带土范围内，吸收根是很少的，且很多木质化，故极易造成树木移植后失水死亡。

3）大树的树体高大，枝叶的蒸腾面积大，大多又不能过重修剪，因而地上部分的蒸腾面积远远超过根的吸收面积，难以尽快建立起地上、地下的水分平衡关系，树木常因脱水而死亡。

（2）大树移栽可行性。大树移栽其实是古今中外由来已久的一种绿化手段，而且国内外一些城市也积累了相当丰富的经验，形成了比较完整的大树移植的技术措施和规程。

无论从大树移栽的理论基础，还是从这几年移栽大树的实践中，都可得出结论：只要资金保证、管理严格、措施到位，大树移栽 90%以上的成活率是可以得到保证的。

（3）大树移植的特点。大树根系正处在离心生长趋向或已达到最大根幅，骨干根基部的吸收根多离心死亡，吸收根主要分布在树冠投影附近。移植所带土球不可能这么大，所以在一般带土范围内，吸收根就很少。

这样移植的大树将会严重失去以水分代谢为主的平衡。而对于树冠，业主为使其尽早发挥绿化效果和保持原有的优美姿势，也大多不让过重修剪。因此，只能在所带土球范围内，用预先促发新根的方法为代谢平衡打基础，并配合其他移栽措施来确保成活。另外，大树移植和一般常规苗木移植相比，主要表现为被移的对象具有庞大的树体和相当大的重量（主要是土球），所以就需要借助一定的机械力量才能完成。

3. 准备工作

（1）操作人员要求。必须具备一名园艺工程师和一名七级以上的绿化工或树木工，才能承担大树移植工程。

（2）基础资料及移植方案。

1）应掌握树木情况：品种、规格、定植时间、历年养护管理情况，目前生长情况、发枝能力、病虫害情况、根部生长情况（对不易掌握的要作探根处理）。

2）树木生长和种植地环境必须掌握下列资料：

① 应掌握树木与建筑物、架空线，共生树木等间距，必须具备施工、起吊、运输的条件。

② 种植地的土质、地下水位、地下管线等环境条件必须适宜移植树木的生长。

③ 对土壤含水量、pH 值、理化性状进行分析。

④ 土壤湿度高，可在根范围外开沟排水，晾土，情况严重的可在四角挖 1m以下深洞，抽排渗透出来的地下水。

⑤ 含杂质受污染的土质必须更换种植土。

（3）移植前措施。

1）5 年内未作过移植或切根处理的大树，必须在移植前 1~2 年进行切根处理。

2）切根应分期交错进行，其范围宜比挖掘范围小 10cm 左右。切根时间，可在立春天气刚转暖到萌芽前，秋季落叶前进行。

（4）移植方法。移植方法应根据品种，树木生长情况、土质、移植地的环境条件、季节等因素确定。

生长正常易成活的落叶树木，在移植季节可用带毛泥球灌浆法移植。生长正常的常绿树，生长略差的落叶树或较难移植的落叶树在移植季节内移植或生长正常的落叶树在非季节移植的均应用带泥球的方法移植。生长较弱、移植难度较大或非季节移植的，必须放大泥球范围，并用硬材包装法移植。

（5）树穴准备。

1）树穴大小、形状、深浅应根据树根挖掘范围泥球大小形状而定应每边留40cm 的操作沟。

2）树穴必须符合上下大小一致的规格，对含有建筑垃圾、有害物质均必须放大树穴，清除废土换上种植土，并及时填好回填土。树穴基部必须施基肥。

3）地势较低处种植不耐水湿的树种时，应采取堆土种植法，堆土高度根据地势而定，堆土范围：最高处面积应小于根的范围（或泥球大小 2 倍），并分层夯实。

4. 大树的选择

（1）要选择接近新栽地环境的树木。野生树木主根发达，长势过旺的，适应能力也差，不易成活。

（2）不同类别的树木，移植难易不同。

一般灌木比乔木容易移植；落叶树比常绿树容易移植；扦插繁殖或经多次移植须根发达的树比播种未经移植直根性和肉质根类树木容易移植；叶型细小者比叶少而大者容易移植；树龄小的比树龄大的容易移植。

（3）一般慢生树选 20~30 年生，速生树种则选用 10~20 年生，中生树可选15 年生，果树、花灌木为 5~7 年生，一般乔木树高在 4m 以上，胸径 12~25cm的树木则最合适。

（4）应选择生长正常的树木以及没有感染病虫害和未受机械损伤的树木。

（5）选树时还必须考虑移植地点的自然条件和施工条件，移植地的地形应平坦或坡度不大，过陡的山坡，根系分布不正，不仅操作困难且容易伤根，不易起出完整的土球，因而应选择便于挖掘处的树木，最好使起运工具能到达树旁。

5. 大树移植时间

大树移植如果方法得当，严格执行技术操作规程，能保证施工质量，则一年四季均可进行。但因树种和地域不同，最佳移植时间也有所差异。应根据工程进度，提前做好移植计划，合理确定移植时间。

（1）春季移植。早春是一年四季中最佳移植时间。因为这时树液开始流动并开始发芽、生长，受到损伤的根系容易愈合和再生，成活率最高。

（2）秋冬季移植。深秋及初冬，从树干落叶到气温不低于−15℃时间里，树木虽处于休眠状态，但地下根系尚未完全停止活动，有利于损伤根系的愈合，成活率较高。尤其适合北方寒冷地区，易于形成坚固的土坨，便于装卸和运输，节省包装材料，但要注意防寒保护。

（3）夏季移植。最好在南方的梅雨期和北方的雨季进行移植，由于空气的湿度较大，树木的水分散失较少，有利于成活率，适用于带土球针叶树的移植。

除此之外，如不按时令进行大树移植，必须采取复杂的技术措施，费用较高，应尽量避免。

6. 大树预掘

（1）多次移植。在专门培养大树的苗圃中经常采用多次移植法，速生树种的苗木可以在头几年每隔 1～2 年移植一次，待胸径达 6cm 以上时，可每隔 3～4 年再移植一次。

慢生树待其胸径达 3cm 以上时，每隔 3～4 年移一次，长到 6cm 以上时，则隔 5～8 年移植一次，这样树苗经过多次移植，大部分的须根都聚生在一定的范围，因而再移植时可缩小土球的尺寸和减少对根部的损伤。

（2）预先断根法（回根法）。适用于一些野生大树或一些具有较高观赏价值的树木的移植，一般是在移植前 1～3 年的春季或秋季，以树干为中心，2.5～3 倍胸径为半径或以较小于移植时土球尺寸为半径画一个圆形或方形，再在相对的两面向外挖 30～40cm 宽的沟，对较粗的根应用锋利的锯或剪，齐平内壁切断，然后用沃土（最好是砂壤土或壤土）填平，分层踩实，定期浇水，这样便会在沟中长出许多须根。

到第二年的春季或秋季再以同样的方法挖掘另外相对的两面，到第三年时，在四周沟中均长满了须根，这时便可移走如图 8-9 所示。挖掘时应从沟的外缘开挖，断根的时间可按各地气候条件有所不同。

（3）根部环状剥皮法。同预先断根法挖沟，但不切断大根，而是采取环状剥皮的方法，剥皮的宽度为 10～15cm，这样也能促进须根的生长，这种方法由于大根未断，树身稳固，可不加支柱。

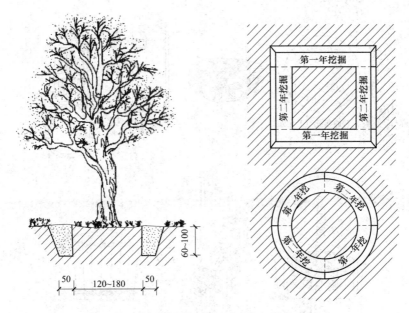

图 8-9　大树分期断根挖掘法示意（单位：cm）

7. 大树移植方法

（1）软材包装移植法。适用于挖掘圆形土球，树木胸径为 10～15cm 或稍大一些的常绿乔木，土球的直径和高度应根据树木胸径的大小来确定见表 8-18。

表 8-18　　　　　　　　　　　土　球　规　格

树木胸径（cm）	土球规格		留底直径
	土球直径（cm）	土球高度（cm）	
10～12	胸径 8～10 倍	60～70	土球直径的 1/3
13～15	胸径 7～10 倍	70～80	

（2）木箱包装移植法。适用于挖掘方形土台，树木的胸径为 15～25cm 的常绿乔木，土台的规格一般按树木胸径的 7～10 倍选取，可参见表 8-19。大树箱板式包装和吊运如图 8-10 所示。

表 8-19　　　　　　　　　　　土　台　规　格

树木胸径（cm）	15～18	18～24	25～27	28~30
土箱规格 ［上边长（cm）×高（cm）］	1.5×0.6	1.8×0.70	2.0×0.70	2.2×0.80

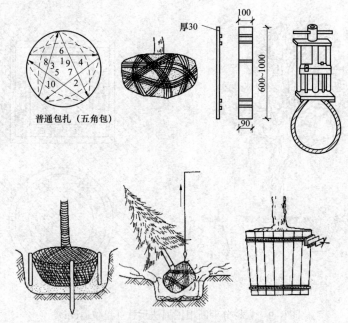

图 8-10   大树箱板式包装和吊运图（单位：mm）

（3）移树机移植法。在国外已经生产出专门移植大树的移植机，适宜移植胸径为 25cm 以下的乔木。

8．大树的吊运和运输方法

（1）起重机吊运法。目前我国常用的是汽车起重机，其优点是机动灵活，行动方便，装车简捷。木箱包装吊运时，用两根 7.5～10mm 的钢索将木箱两头围起，钢索放在距木板顶端 20～30cm 的地方(约为木板长度的 1/5)，把 4 个绳头结在一起，挂在起重机的吊钩上，并在吊钩和树干之间系一根绳索，使树木不致被拉倒，还要在树干上系 1～2 根绳索，以便在启动时用人力来控制树木的位置，避免损伤树冠，有利于起重机工作。在树干上束绳索处，必须垫上柔软材料，以免损伤树皮。吊运软材料包装的或带冻土球的树木时，为了防止钢索损坏包装的材料，最好用粗麻绳，因为钢丝绳容易勒坏土球。先将双股绳的一头留出 1 米多长，结扣固定，再将双股绳分开，捆在土球的由上向下 3/5 的位置上绑紧，然后将大绳的两头扣在吊钩上，在绳与土球接触处用木块垫起，轻轻起吊后，再用脖绳套在树干下部，也扣在吊钩上即可起吊。这些工作做好后，再开动起重机就可将树木吊起装车。

（2）滑车吊运法。在树旁用杉篙搭一木架（杉篙的粗细根据所起运树木的大小而定），把滑车挂在架顶，利用滑车将树木吊起后，立即在穴面铺上两条 50～60cm 宽的木板，其厚度根据汽车和树木的重量及坑的大小来决定。

（3）运输。树木装进汽车时，使树冠向着汽车尾部，土块靠近司机室，树干包上柔软材料放在木架或竹架上，用软绳扎紧，土块下垫一块木衬垫，然后用木板将上球夹住或用绳子将土球缚紧于车厢两侧。通常一辆汽车只装一株树，在运输前，应先进行行车路线的调查，以免中途遇故障无法通行，行车路线一般都是城市划定的运输路线，应了解其路面宽度、路面质量、横架空线、桥梁及其负荷情况和人流量等。行车过程中押运员应站在车厢尾一面检查运输途中土球绑扎是否松动、树冠是否扫地、左右是否影响其他车辆及行人，同时要手持长竿，不时挑开横架空线，以免发生危险。

9. 大树的栽植方法及其养护管理措施

（1）栽植方法。

1）栽植前应根据设计要求定好位置，测定标高，编好树号，以便栽时对号入座，准确无误。

2）挖穴（刨坑），树穴（坑）的规格应比土球的规格大些，一般在土球直径基础上加大 40cm 左右，深度加大 20cm 左右为宜；土质不好的则更应加大坑的规格，并更换适于树木生长的好土。如果需要施用底肥，事先应准备好优质腐熟有机肥料，并和回填的土壤搅拌均匀，随栽填土时施入穴底和土球外围。

3）吊装入穴前，要按计划将树冠生长最丰满、完好的一面朝向主要观赏方向。吊装入穴（坑）时，粗绳的捆绑方法同前。但在吊起时应尽量保持树身直立。入穴（坑）时还要有人用木棍轻撬土球，使树直立。土球上表面应与地表标高平，防止栽植过深或过浅，对树木生长不利。

4）树木入坑放稳后，应先用支柱将树身支稳，再拆包填土。填土时，尽量将包装材料取出，实在不好取出者可将包装材料压入坑底。如发现土球松散，则千万不可松解腰绳和下部的包装材料，但土球上半部的蒲包、草绳必须解开取出坑外，否则会影响所浇水分的渗入。

5）树放稳后应分层填土，分层夯实，操作时注意保护土球，以免损伤。

6）在穴（坑）的外缘用细土培筑一道 30cm 左右高的灌水堰，并用铁锹拍实，以便栽后能及时灌水。

第一次灌水量不要太大，起到压实土壤的作用即可。

第二次水量要足。

第三次灌水后可以培土封堰。

以后视需要再灌，为促使移栽大树发根复壮，可在第二次灌水时加入 0.2‰ 的生根剂促使新根萌发。每次灌水时都要仔细检查，发现塌陷漏水现象，则应填土堵严漏眼，并将所漏水量补足。

（2）养护管理措施。

1）刚栽上的大树特别容易歪倒，要将结实的木杆搭在树干上构成三脚架，把树木牢固地支撑起来，确保大树不会歪斜。

2）在养护期中，要注意平时的浇水，发现土壤水分不足，就要及时浇灌。在夏天，要多对地面和树冠喷洒清水，增加环境湿度，降低蒸腾作用。

3）为了促进新根生长，可在浇灌的水中加入0.02%的生长素，使根系提早生长健全。

4）移植后第一年秋天，就应当施一次追肥。第二年早春和秋季，也至少要施肥2～3次，肥料的成分以氮肥为主。

5）为了保持树干的湿度，减少从树皮蒸腾的水分，要对树干进行包裹。裹干时，可用浸湿的草绳从树基往上密密地缠绕树干，一直缠裹到主干顶部。接着，再将调制的黏土泥浆厚厚地糊满草绳裹着的树干。以后，可经常用喷雾器为树干喷水保湿。

二、大树移植实例——银杏

1. 选树

首先要选择符合设计要求的树种、规格及形状。对移栽的大树，先到现场察看，应选择生长健壮、无病虫为害、冠形良好的；其次要考虑到带土球不易松散；再次要注意人员操作方便，车辆能通行；最好对选好的树木进行编号、登记。

2. 移栽前的准备

（1）修剪。影响大树移栽成活的关键是地下部分的水分吸收和地上部分的蒸发是否平衡，因此合理修剪是大树移栽成活的重要因素。

修剪强度应根据树木的规格、移植季节、土球大小、运输条件、种植地条件等因素来确定，一般留主枝、一级侧枝和部分二级侧枝。切口要平且略倾斜。

修剪结束后要用托布津（或多菌灵）500倍液对全树喷洒。大的截口用塑料薄膜包扎，以减少水分蒸发和雨水对伤口的侵染。主干离地2m以内用草绳捆扎，既保湿，又可防止起吊运输过程中损伤树皮。

（2）挖掘。在起掘前两天，视土壤干湿情况进行适量浇水，以防挖掘时因土壤过于干燥而使土球松散。挖掘时要保证树干保留一定的根系直径和深度，一般以大树胸径的5～6倍为正方形边长（土球直径）画线，深1～1.2m。

先把表层土铲除至见侧细根为度，然后沿画线外沿开沟，遇粗根要用手锯锯断，不可用锄头或铲硬铲，以免损伤土球。锯断的粗根不可外凸，以保证箱板与土球贴紧。根据树冠形态和种植要求，对树木做好定位标记，以便栽植时保持原朝向。

（3）包装。以木板箱包装土球，操作方便，吊装、运输时土球不易破损。

方法是将土球挖掘成正方形，用四块特制的厚木箱板紧贴土球四侧，然后将固定在箱板上的三角铁用粗螺杆拧紧，把箱合拢。再将土球底部掏空，用千斤顶顶住，装上底板、面板，用粗螺杆固定。

3. 吊装运输

大树装运前，应先计算土球重量，以便安排相应吨位的吊车和运载车辆。吊装和运输途中，关键是要保护好土球，不使其破碎、散开。

吊起的大树装车时，装土球的木箱放在车身前半部，树冠向后放在三脚架上，树干与三脚架接触处必须垫软物，并妥善固定，以防擦伤树皮。

4. 栽植

大树移栽要力争做到随起随栽，特别是高温天气尤为重要。因此要求大树运到前挖好栽植穴。栽植穴要比土球直径大 30~50cm，其深度比土球厚度大 20cm，要求穴的上下大小一致。并准备好足够的客土（用沙质土壤施以腐熟有机肥，与回填土充分拌匀）。栽植穴的底部填一层约 15cm 的松土，中间稍高，然后将大树吊入穴中，随即把树扶正，并摆正方向，落吊在土堆上，拆除面板、底板，接着填土。当土填至穴深 1/3 处时方可拆除四周箱板，再继续填土，边填土边踏实，使泥土与根系紧密接触。土填至穴深 2/3 时浇一次透水，使土球吸足水分。待水渗下后，再加土填至高出根径 15cm，呈馒头状，此时不宜再踏实，否则会使土壤板结，影响根系生长。

5. 栽后管理

（1）浇水。新移植的大树根系吸水功能减弱，对土壤水分需求量较小，只要保持土壤适当湿润即可。栽好后浇透水，隔半个月后（热天为一个星期）再浇一次水，以后根据天气和土壤干湿情况确定是否浇水。

（2）包扎、喷水。用草绳将树干和比较粗壮的分枝严密包裹，既能保湿、保温，又能减少高温对树干的日灼伤害，效果较好。包扎好后可经常向草绳和树冠叶面喷水，喷水要求细而均匀，喷水时间不宜过长，以免水分过多流入土壤，造成土壤过湿而烂根。为防止过多水分流入土壤，可在树根部覆盖塑料薄膜。

（3）支撑。大树移植后应立即支撑固定，慎防树干摇动、侧倒。可用毛竹或钢丝绳固定支撑，稳定树干，不使根部松动而影响成活。三角撑的一根撑杆（钢绳）必须在主风向位上，其他两根均匀支撑。

（4）遮阴。高温干旱季节，要搭荫棚遮阴，以降低棚内温度，减少树体水分蒸发。荫棚上方及四周与树冠保持 50cm 左右距离，以保证棚内有一定的空气流动空间，防止树冠日灼危害。可用 70%的遮阴膜，让树体接受一定的散射光，以保证树体进行光合作用。

（5）适时追肥。大树移植初期，根系吸肥能力低，宜采用根外追肥，可用浓度为 0.5%~1%的尿素或磷酸二氢钾，选早晚或阴天进行叶面喷洒，半个月左右一次。当新梢生长到 10cm 左右时，地下部分新根也已经发出，可进行土壤施肥，要求薄肥勤施。

（6）留芽除萌。大树移植约 50 天以后，树干上会抽出许多枝芽，在树干基部也会有萌芽产生，应定期进行抹芽和除萌，以减少养分消耗。抹芽与留芽要分次进行，留芽要根据培养树冠的要求确定。

（7）防病治虫。发现病虫害，应根据病虫害种类和发生发展规律，及时除治。

参 考 文 献

[1] 中华人民共和国住房和城乡建设部. 砌体结构工程施工质量验收规范（GB 50203—2011）［S］. 北京：中国建筑工业出版社，2012.

[2] 中华人民共和国建设部、中华人民共和国国家质量监督检验检疫总局. 建筑地基基础工程施工质量验收规范（GB 50202—2002）［S］. 北京：中国计划出版社，2004.

[3] 中华人民共和国建设部、国家质量监督检验检疫总局. 混凝土结构工程施工质量验收规范（GB 50204—2015）［S］. 北京：中国建筑工业出版社，2014.

[4] 中华人民共和国建设部、国家质量监督检验检疫总局. 建筑装饰装修工程质量验收规范（GB 50210—2001）［S］. 北京：中国标准出版社，2001.

[5] 中华人民共和国住房和城乡建设部. 建筑地面工程施工质量验收规范（GB 50209—2010）［S］. 北京：中国计划出版社，2010.

[6] 中华人民共和国住房和城乡建设部、国家质量监督检验检疫总局. 木结构工程施工质量验收规范（GB 50206—2012）［S］. 北京：中国建筑工业出版社，2012.

[7] 中华人民共和国住房和城乡建设部. 城镇供水与污水处理化验室技术规范（CJJ/T 82—2014）［S］. 北京：中国建筑工业出版社，2014.

[8] 中华人民共和国建设部. 普通混凝土用砂、石质量及检验方法标准（附条文说明）（JGJ52—2006）［S］. 北京：中国建筑工业出版社，2007.

[9] 王浩. 园林规划设计［M］. 南京：东南大学出版社，2009.

[10] 张吉祥. 园林植物种植设计［M］. 北京：中国建筑工业出版社，2001.

[11] 房世宝. 园林规划设计［M］. 北京：化学工业出版社，2007.

[12] 赵世伟. 园林工程景观设计植物配置与栽培应用大全［M］. 北京：中国农业科学技术出版社，2012.